家具文化与艺术

贺宏奎　著

FURNITURE

CULTURE

ART

中国建筑工业出版社

图书在版编目（CIP）数据

家具文化与艺术／贺宏奎著. —北京：中国建筑工
业出版社，2012.12
ISBN 978-7-112-14976-6

Ⅰ.①家… Ⅱ.①贺… Ⅲ.①家具－文化－通俗读物
Ⅳ.①TS666-49

中国版本图书馆CIP数据核字（2012）第289135号

责任编辑：费海玲
责任设计：陈　旭
责任校对：刘梦然

家具文化与艺术

贺宏奎　著

*

中国建筑工业出版社出版、发行（北京西郊百万庄）

各地新华书店、建筑书店经销

北京锋尚制版有限公司制版

北京云浩印刷有限责任公司印刷

*

开本：787×1092毫米　1/16　印张：9½　字数：228千字

2013年3月第一版　　2013年9月第二次印刷

定价：**48.00**元

ISBN 978-7-112-14976-6

（23016）

目 录

第六章　家具与生活

前言

　　家具同建筑、服饰和艺术品等一切有形物品一样，是文化的载体和符号。在长达五千余年的生生不息的文明进程中，中华民族创造了灿烂辉煌、一脉相承的悠久文化。在当今全方位的文化交流和相互融合的信息化时代，在传统与现代的碰撞与调和下，中国传统文化必然产生更加广泛而深刻的影响。家具文化作为中国传统文化的一个组成部分，将更多地被世人所认知和推崇。中国古典家具的艺术成就，奠定了其在世界家具体系中所占有的重要地位。

　　经过改革开放之后三十多年的高速增长，中国经济已步入了赶超世界发达国家的快车道。当今之中国，在社会经济日益壮大的同时，其国际地位及对世界的影响力不断得以提升，民族自尊心和自信心达到近现代史上新的高度，实现中华民族伟大复兴的契机正在形成。不过，我们应当保持足够的清醒：一个民族的复兴，必将伴随着文化的繁荣；一个国家的强盛，一定离不开文化的支撑。一个伟大的民族，一个伟大的国家，仅仅依靠经济的壮大和军事的强大是远远不够的，必须建立在深厚的文化底蕴之上。文化的力量深深熔铸在民族的生命力中，国家得以前进的每一个印迹都有着文化的光芒闪烁。我们也应该承认，我国与经济的高速成长相适应的文化建设还较为薄弱和滞后。我们是文明古国，有着数千年积淀而成的文化血脉，但还远不能算作是文化强国。

　　"文化是一种力量，文化是一种影响；文化是一种情怀，文化是一种温暖。"人类永远不能失去自己的精神家园。文化需要创新，文化需要发展，文化需要不断的传承。在走向现代化的进程中，继承优秀的民族文化传统并将之发扬光大，将会是一个较长期的任务。现代化并不意味着要割裂传统，彻底抛弃传统，而是要更重视传统。没有继承，就没有更好的发展。传统文化不是现代化道路上的绊脚石，而是通向更高文明里程中的永远不能丢弃的接力棒。只有深植于民族文化的沃土之中，并善于汲取世界各民族不同文化中的各种养分，中国现代化之树才可能枝繁叶茂，结出丰硕的人民共享之果。将中国传统优秀文化的核心部分传承并发展成为具有竞争力、阐释力和说服力的文化，是建设社会主义文化强国的一个重要途径。今年的诺贝尔文学奖终于花落中国本土作家的事实，正是中国文化逐渐产生世界影响力的一个标志。我们今天正在努力实践着的"构建和谐社会"，正是继承我国传统文化精髓并将之发扬光大的体现。

毋庸置疑，中国近代家具伴随着国力的衰退逐渐走向了式微，被淹没在世界现代家具的大潮之中。究其原因，科技的落后固然是一个重要的方面，但更深层的因素可能是时代变革所带来的文化断层。改革开放以来，随着经济的持续高速增长和文化艺术的更加繁荣，挖掘、保护、继承和弘扬民族优秀文化艺术传统的思潮油然而生，表现在家具制造业上便形成所谓的"复古风"。复古风的悄然兴起，表现出特定社会阶层对传统文化的重新认识和文化价值取向的回归。而另一个较为普遍的现象，是一些消费者更多地把目光投向于异域风情的他国产品，而对自己的优秀传统知之甚少，抑或视而不见。

近十余年以来，我国的高等教育保持了与经济的同步增长，招生人数和在校生规模持续增加，科教兴国、人才强国战略进一步得到贯彻。科学精神和人文精神二者兼备，已经成为我国现代人才培养，特别是高等院校人才培养的一个重要指导思想。科学素质和人文情怀二者不可偏废，是实现人的全面发展和生活幸福的一个正确的方向。

基于这样的思考，结合自己的专业特长和学科建设需要，作者近年来为所供职的中北大学在校学生开设了《家具文化与艺术》选修课程。中北大学是一所长期以来以理工科为主的高等院校，目前理工科学生的比例仍然占到70％以上。开课以来，选课的学生人数超过了当初的预想，为选课学生提供一本适合的参考书，是写作和出版此书的初衷。同时，在文化建设愈显重要的今天，也为社会大众提供一种选择，希望能在读到它的读者中起到一些传播家具文化信息、提高文化艺术素养和家具鉴赏能力的作用。

本书是以在教学过程中积累的材料，结合作者本人近些年从事有关家具研究取得的成果基础上撰写而成。因受个人能力和客观条件所限，书中不免存在不足、不当或谬误之处，衷心地祈望相关学者及业内专家的不吝赐教，以及读者朋友的批评指正。

作者

2012年11月

第一章
家具的起源与发展

一、家具与人类文化

  家具作为人类生活必不可少的一类基本物品，其从无到有，从单一到丰富，从简单到成熟，是伴随着人类文明的发展而不断进步的结果，是人类在漫长的历史进程中所创造的灿烂文化的不可或缺的重要组成部分。虽然，就目前的考古发掘和人类文化史的研究成果而论，无人能够判定家具产生的确切年代，但人类基于生活状况的改变和生产力水平的提高，不断创造出新的家具形态来满足自身日常生活之需，则是历史发展的必然。在人类先祖茹毛饮血、餐风宿露的远古时期，因为还不会制造工具，家具是不可能被发明的。即使是在漫长的旧石器时代，家具的出现也是不可思议的事。目前学界较为普遍的认识是，家具起源于人类文化发展历程中的新石器时代。

  然而，"家具"一词自古代产生并沿用到现代，其原始含义简单的理解就是"家里的用具"。我们知道，人类最早的"家"，是天然存在的洞穴。人类先祖在择洞而憩的穴居时代，为了避免潮湿和抵御寒冷，用茅草、树叶、树皮或兽皮作为坐卧之具，也就产生了最古老的家具——席。席实际上在很长的一段时间里，兼作坐具与卧具，可谓床榻之始祖。直到后来人类为避免野兽侵扰的筑巢而居，再到学会利用天然黄土崖挖掘窑洞、在地面上建造房屋而居。所以，从这样的意义上来说，家具的起源也许要向前推数万年甚至数十万年。或者据此可以推断，在人类文明的发展历程中，家具的出现要早于房屋建筑。因为，即使有人认为席过于简陋，不足以作为最早起源的家具，而在人类穴居的旧石器时代，树木的砍伐已经是比较容易实现的事，先民们使用较细的原木搭成较矮的架台，再铺之以席，这样就形成了人类有史以来的第一类家具——床榻的雏形。

当然，这样的推断是难以被证实的。尽管使用芦苇或藤条编织席具，砍伐细小而通直的树木，不需要比打造石器更复杂，或更锋利的工具，但早期用以制作"家具"的这样一些植物材料，不像石器、陶器、青铜器和铁器等材料可以久远地保存下来，即便是更为坚硬耐久的木质材料，也因其具有的生物分解性——腐烂，以及化学分解性——燃烧，而不能长期留存。文字的出现又远远晚于器物的使用，即使最早的文字记载，也不可能包含远古时期人类发展进程中的全部真实信息，大量的史实仅存在于后人的想象和由此产生的神话传说之中。在迄今为止发现的最为久远的一些洞穴壁画中，如2万~3万年前的西班牙阿尔塔米拉洞穴壁画，约1.5万年前的法国拉斯科克斯洞穴壁画，其表现主题多为牛、马、鹿、山羊等野生动物，连人物都几乎没有，更看不到有器物的影子，这是因为食物是生存的首要条件，壁画的内容实际上是原始人祈求狩猎成功的巫术活动的附属产物。由于难有实物留存，也找不到相关的文字或图画依据，更具实体形态和实用价值的木质家具或木器产生的比较确切的年代也就无法考证。

不过，从用具对工具的依存关系来推论，木器的出现当然在石器之后，但必在青铜器之前。人类进入新石器时代，开始了以农耕和畜牧为主的定居生活。有了磨制得更锋利、更适用的工具，如石斧、石锛、石凿等，树木的砍伐和木材的加工就变得更为容易，大量的木器及家具得以面世。继床榻之后，逐渐出现了俎、案、几、屏、架、匮、匣等，家具的形制和种类渐渐地丰富起来。

在人类文化发展的历史进程中，不同地域或种族之间存在着较大的不平衡。根据考古发现，全球范围内最早进入新石器时代的是西亚的利凡特（今以色列、巴勒斯坦、黎巴嫩和叙利亚）、安那托利亚（小亚细亚，今土耳其）和扎格罗斯山（今伊朗）山前地区，约在公元前8000年。中国是世界文明古国之一，目前各地出土的新石器文化遗址，最早的是位于长江流域的彭头山文化，约在近万年以前，最晚的是位于湖北天门的石家河文化，距今约4000年。我国迄今发现的最早的木质家具，是1978年从距今4000~5000年的山西襄汾陶寺龙山文化遗址2001号墓出土的彩绘木案。该木案系用木板斫削成器，出土时已塌陷变形，但从器物痕迹和彩皮可辨认出，案面和案足外侧用朱砂、赤铁矿等颜料涂绘，在案上正中放有折腹陶（温酒器），其被认为是商周铜禁之祖型。而在距今约5300~7000年的河姆渡文化遗址，发现有最早的用于房屋建筑的木质榫卯结构，以及最早的漆木器具——一只朱漆木碗。

人类文化进入青铜器时代和铁器时代，家具也迎来了其发展的快速成长及逐渐成熟时期。世界上较早进入青铜器时代的是美索不达米亚（两河流域）、伊朗南部、欧洲、埃及等地区，约在公元前4000年～前2000年。最早出现铁器的地区是小亚细亚（今土耳其境内），时间约在公元前1400年。我国约在公元前2000年进入青铜器时代，经夏、商、西周、春秋、战国，大约发展了15个世纪，约在公元前6世纪春秋时期出现生铁制品，开始向铁器时代过渡。传说中发明了当今木工师傅们仍在使用的锯子、钻子、刨子、铲子、曲尺及划线用的墨斗等手工工具，被后世的土木工匠们尊称为祖师的发明家鲁班，就生活在春秋末期至战国初期。

在铁器时代之后的人类社会发展的不同历史时期，伴随着生产力水平的不断提高和文化艺术的不断繁荣，不同国家、不同民族或区域的家具发展与建筑、雕塑、绘画等艺术形式基本保持着同步，家具艺术融技术、材料、工艺和审美于一体，创造了一个又一个辉煌，形成了鲜明的地域特色和时代特征。概括地说，家具的发展是世界不同国家、不同历史时期人类生活方式、自然资源、科学技术、建筑风格、文化艺术、社会组织、风俗习惯、思想意识及审美观念等因素的综合体现。

二、两种起居方式——矮型家具与高型家具

如果说人类在由猿到人的进化中完成了第一个伟大的跨越——站起来，那么，在学会了直立行走，脱离蒙昧状态变为智人之后的另一个重大变革就是——坐起来。在高坐具出现之前，人类的起居方式只能是席地而坐。直到有了凳、椅等高型坐具，特别是有了椅子并得以普及，人类的起居方式也就由席地而坐变为垂足而坐。因此，两种不同的起居方式产生了两种类型的家具，即矮型家具和高型家具。

从现存的古埃及壁画和浮雕中，可看到形态完美的椅子形象，画面大多显示为统治者坐在有靠背的座椅里，椅子前还有用来放脚的低矮的脚凳。从国王的陵墓出土的一些椅子实物，不仅有精美的雕刻，还有贴金和宝石、翡翠等镶嵌，装饰极其华丽。所以，通常人们认为埃及是椅子的发源地。但是，在塞尔维亚贝尔格莱德附近，考古工作者挖掘出了一件坐在椅子上的小陶偶像，被命名为"芬卡陶人像"，探测结果表明其属于公元前4000年欧洲新石器时代的墓葬品，由此可见那时的欧洲已经出现了椅子的形态。此外，保加利亚出土的文物"祭祀的一幕"，再现了7000年前的人们用以祭祀死者的生活用具，其中有

完整的椅子、桌子等器物，这说明人类使用椅子的历史可能在7000年以上，也不一定发源于古埃及。

我国从新石器时代一直到秦汉时期，为单一的席地坐时期，家具的形制与种类主要表现为低矮的床、榻、俎、几、案、屏、匮等。约在东汉时期，被汉民族称为胡人的北方游牧民族使用的坐具——胡床，开始传入中原，从此在汉民族区域的少量居民中，出现了垂足坐的新习俗。所谓"胡床"，实际上是一种类似于现在被称之为"马扎"的坐具，由于可以折叠而携带方便，为过着游牧生活的北方少数民族所创。之所以称为"胡床"，是因为在我国古代，床的最初含义即泛指坐卧之具，人们的起居生活也是以既是卧具又是坐具的床榻为中心而展开。我国传统家具中的"交椅"，就是从带有靠背的胡床演变而来。

宋代高承《事物纪原》引《风俗通》称："汉灵帝好胡服，景师作胡床，此盖其始也，今交椅是也。"《后汉书·五行志》则记载："汉灵帝好胡服、胡帐、胡床、胡坐、胡饭……京都贵戚皆竟为之。"从这两段记载可知，中国历史上的高坐具，最迟出现在汉灵帝时期（168～189年）。

继三国鼎立和西晋的短暂统一之后，进入东晋和南北朝时期，高型家具的使用随起居方式的改变逐渐增多。从敦煌、龙门等佛教石窟的造像和壁画中，可以见到一些新型的坐具已经涌进了人们的生活。如敦煌285窟壁画有两人分坐在椅子上的图像，257窟壁画中绘有坐方凳和交叉腿长凳的妇女，龙门莲花洞石雕中有坐圆凳的妇女。这些图像生动地再现了南北朝时期椅凳在仕宦贵族家庭中的使用情况。尽管当时的坐具已具备了椅子、凳子的形状，但因其时没有椅、凳的称谓，人们还习惯称之为"胡床"。在寺庙内，常用于坐禅，故又称"禅床"。

两晋及南北朝时期，社会动荡不安，战乱不止，人民遭受着颠沛流离和骨肉离散的痛苦，这就为主张出世、寄托来生的佛教思想提供了发展的土壤，早在西汉末到东汉初从西域传入中国的佛教，开始大行其道。一时之间，南北大地上自帝王下至黎民，崇信佛教之风盛行，兴建佛寺及建造佛教艺术的石窟、壁画，中外高僧的译经、讲法等活动，异常活跃，被称为我国四大石窟的洛阳龙门石窟、大同云冈石窟、甘肃敦煌莫高窟和天水麦积山石窟均开凿于这一时期。两晋南北朝也正是北方少数民族"五胡十六国"时期，虽然处于战争不断、迁徙不止的动乱年代，但是中外文化及各民族文化的交流，却是十分活跃，可谓历史上屈指可数的各民族文化的大融会时期。这给汉民族的起居方式带来了一次大冲击。椅、凳、墩等高型坐具的出现，带来了新的起居方式，传统的席地而坐，逐渐与垂足坐的起居方式相融合。

至唐代，高型家具日趋流行，席地坐与垂足坐两种起居方式此消彼长。到了宋代，垂足坐在民间得以进一步普及，高型家具成为人民起居作息所用家具的主要形式，桌椅类家具的品种趋于丰富，样式多变。至此，中国传统木家具的种类、造型、结构等基本定型，形制较为完备的家具体系得以形成，为中国传统家具在明清时期达到历史的巅峰奠定了前提条件。

从我国古代坐姿的演变过程对家具发展的影响来看，人类的物质生产不单依赖于资源的富有和技术的进步，而是与人类特定历史时期形成的社会文化、精神意识及风俗习惯等有着深刻的联系。时至今日，我国一些地方的农村居民（如东北农村沿用炕桌）及邻国韩国、日本等，席地坐的习俗仍然未完全被现代垂足坐所取代的事实，充分地说明了人们对传统的尊重，对古老文化的难以割舍。

三、家具的形制与种类

世界各地各民族在其历史发展的各个时期，逐渐形成了使用功能相同或相似但形态各异的家具体系。家具的形制，即指各个历史时期所有形态的家具所组成的系统及表现特征。下面从古今两个大的方面加以概述。

（一）古代家具

这里主要以中国古代家具的起源与发展为脉络对古代家具的形制与种类作一些简要的概括。

1．席

席是指人坐卧时铺垫的一类用具，也是人类最早使用的家具。席类用具在古代人们的日常生活中占有重要的地位，并以其可舒可卷、轻巧灵便、随用随置，既可单独使用，又可与床榻、椅凳等配套使用等特点，一直沿用至今。

我国最早的关于席的史籍记载为"神农作席荐"（《壹是纪始》卷十一）。汉语言文字中与席有关的字为数众多，如筵、蒲、稿、荐、簟、笮、簰、茵、垫、褥、毡、毯等，分别指各种质地、形态及用途的铺垫用具。铺在下层的为筵，上层的为席。用蒲草编成的席称蒲或莞。用稻草、麦秸等禾秆编成的席叫稿或荐。用竹、藤编席谓之簟，略粗者曰遽篨，再粗者曰符簰。毡、毯、垫、褥类则为茵。

根据所使用材料的特性，席可分为凉席和暖席两大类。凉席大多以竹、藤、苇、草、丝麻等编织而成，暖席则多以棉、毛、兽皮等加工而成。

按制作工艺来说，席主要有编织和纺织两大类。

2. 床榻

床榻类无疑是世界上起源最早的具有立体形态的家具。

古代的床，既是卧具，也是坐（跪坐或箕踞坐）具。我国汉代刘熙所撰《释名》中对床的解释："人所坐卧曰床。"榻起初也是床的一种，除比一般的卧具床窄而显狭长之外，并无大的差别，故而人们习惯于将二者合称。东汉服虔撰《通俗文》云："三尺五曰榻，独坐曰枰，八尺曰床。"战国时商鞅《商君书》所言："人君处匡床之上而天下治。"其中的"匡床"，为供单人坐用的方形榻，也应该是我国最早的"御座"，春秋战国时期已经普遍使用。这种匡床在东晋画家顾恺之《列女仁智图》（图1-1）中可见其端倪。

图1-1 东晋顾恺之《列女仁智图》（宋摹本局部）中的匡床

图1-2 河北望都汉墓壁画中的坐榻

起初的床榻，为四周无围栏的平台形，在我国直到宋代高型家具得以较大普及时期，这种平台形式仍占主体地位，称为"四面床"。带有围栏的床出现以后，榻则以无围栏为基本特征，与专供就寝的卧床有所区别，逐渐趋向于专指坐具。迄今的考古发现为我们提供了很多榻的实物或形象资料。图1-2为河北望都汉墓壁画中所呈现的方形榻。

我国出土的最早的带有围栏的床，是在河南信阳长台关战国墓葬中发现的彩漆木床（图1-3）。该床尺度为，长218cm，宽139cm，足高19cm。四周围栏为竹制，两边各留一缺口，以便上下。在席地坐时期，古人所用床榻，即为此类接近地面的低矮形式。

东晋及南北朝时期，开始出现高足卧具，床榻的形体也都较宽大。东晋著名画家顾恺之《女史箴图》中所绘之床，其高度可供人们垂足而坐，床围是固定于床边的四面屏风形态，并有由四角柱子支撑的床顶，可见明代时颇为流行且样式多变的架子床，那时已经形成。北齐杨子华表现文士刊定国家收藏的《五经》诸史情景所画《校书图》（图1-4）中的榻，可容纳五六人同坐，并可在榻上品茗、饮酒及游戏。

隋唐及五代时期的床榻，比较明显的一个变化，是由常见的壸门箱体形（如图1-4中所见）向直腿梁架形发展（图1-5）。

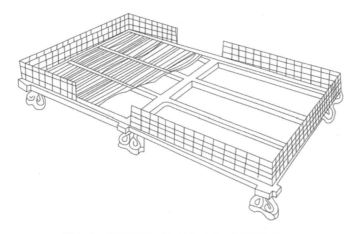

图1-3　河南信阳长台关出土的战国彩漆木床

图1-4　北齐杨子华《校书图》中的榻

图1-5　五代顾闳中《韩熙载夜宴图》中的床

图1-6　山西大同金代阎德源墓出土的木床

图1-7　架子床

图1-8　拔步床

　　两宋时期的床榻，基本沿袭唐及五代时的形态，无围子的四面床仍很普遍。而同时代的辽、金，家具生产比中原地区有所发展，从出土的实物及墓葬壁画来看，所用家具的品种已经比较齐全，仅就床而言，大都装有栏杆和围板。图1-6为山西大同金代阎德源墓出土的木床。

　　明代的床榻，在继承前世形式基础上有很大的创新，最具代表性的是形形色色的架子床（图1-7）、拔步床（图1-8）和罗汉床（图1-9）。架子床是带有顶架的一类，具很强的围护作用。拔步床是在架子床的形态基础上，床前形成一个小廊，廊的两侧一般放置桌凳或床头小柜，形似一幢独立小房。罗汉床为三面有围栏的形态。大罗汉床既可供卧，亦可供坐（置以炕

图1-9　罗汉床

几），是厅堂中十分讲究的家具。窄罗汉床亦可坐卧两用，用作坐具则颇似后来的中式沙发。

清代前期家具大体保持了明代的风格和特点，后期则逐渐走向华丽和繁复，在床榻类家具上有同样的表现。

3. 椅凳

古代人席地而坐，原没有椅凳，椅凳类坐具在世界上的最早起源，或者说，人类历史上最早由地上坐到椅子里的是哪个地方的哪个民族，由于缺乏翔实的考证，目前仍莫衷一是。

我国自汉代传入北方游牧民族所用坐具胡床（图1-10）以后，随着垂足坐起居方式的逐渐普及，在千年的历程中创造了形式多样的椅子、凳子，至明代家具发展的鼎盛时期，形成了较完备的古典椅凳系列。

据史籍考证，椅子的称谓始于唐代。汉字中的"椅"，原本是一种树木的名称。《诗经》有"其桐其椅"，"椅"即"梓"。唐代以前，"椅"字还有另外一种含义是指"车旁"，即车的围栏，其作用是人在乘车时有所倚靠。后来的椅子，其基本形式就是在四足支撑的平台上安装围栏，故而沿用其名，称这样的坐具为"椅子"。唐代以后，椅子的使用逐渐增多，名称也随之流传开来，从此与"床"的品类相分离。

图1-10 胡床

从现存史料来看，我国在唐代已有相当讲究的椅子。如郎余令《历代帝王像》中唐太宗所坐的椅子，为四直腿，有束腰，上侧安托角牙，棱角处起线（这种装饰在明清时期称为"混面双边线"）。在座面后部立四柱，中间两柱稍高，上装弧形横梁，两端长出部分雕成龙头，扶手由后中柱通过边柱向前兜转搭在前立柱上。扶手与坐面中间空当嵌圈口花牙。扶手尽端亦雕成龙头，与后背搭脑融为一体，再附以软垫和衬背，这在当时已是十分精致的椅子了。唐代卢楞枷《六尊者像》中描绘的椅子更具代表性，它用四支铃杵代替四足，两侧有横枨连接，扶手前柱和椅边柱圆雕莲花，扶手和搭脑上拱，两端上翘并装饰莲花，莲花下垂串珠流苏，整体造型庄重华贵（参见图2-4）。

有靠背的胡床亦始于唐代。胡床因其形态特点又有"交床"或"绳床"之称。隋朝时称"交床"，是因为隋文帝意在忌"胡"字，器物涉"胡"字者，咸令改之。宋陶毂《清异录》云："胡床施转关以交足，穿绷带以容坐，转缩须臾，重不数斤。相传明皇行幸频多，从臣扈驾，欲息无以寄身，遂创意如此，当时

图1-11　由胡床到交椅的演变

称'逍遥坐'。"这种逍遥坐就是带靠背的胡床。所以这里所说的创意，应该是指增加了靠背。有靠背的胡床在唐宋时期盛行，宋代尤甚，不过宋代已不再叫胡床，而是演变为交椅（图1-11）了。

带靠背的胡床始自唐明皇，还可以从唐代《济渎庙北海坛祭器杂物铭·碑阴》的记载中得到印证，文中记有："绳床十，内四椅子。"从这段记载可知在唐代贞元之前已有了椅子的名称。这里所说的"绳床十，内四椅子"是指在十件绳床中有四件是可以倚靠的椅子，显然是为了与另外六件无靠背绳床相区别。可见，在唐代椅子的名称虽已出现，椅子在日常生活中也是常见家具，但还未完全从床的概念中分离出来。在唐代的典籍中，把椅子称为床仍很普遍。著名诗人李白《静夜思》"床前明月光，疑是地上霜"及杜甫《少年行·七绝》"马上谁家白面郎，临阶下马坐人床"等诗句中的"床"，实际都指坐具。

在高型坐具渐渐流行的同时，席地坐的习俗仍随处可见，如《韩熙载夜宴图》中，有主人在宽大的靠背椅上盘腿而坐的画面（图1-12）。唐代绘画中人跪坐或盘腿坐在扶手椅里的画面则更为常见，且椅前都必不可少地配有脚踏。

五代至宋代，高型坐具空前普及，椅子的形式也多起来，除常见的靠背椅、扶手椅外，开始出现圈椅、官帽椅、太师椅等。高型家具的使用在民间形成时尚，居家必备高型桌椅，这从当时的绘画中可见一斑。如宋代张择端《清明上

图1-12　五代顾闳中《韩熙载夜宴图》中的椅子及坐姿

河图》中的市肆小店，无不陈放各式高型家具，李公麟《会昌九老图》中描绘的圈椅则是较早的圈椅形象。在近年发掘的宋代墓葬中还有以石、陶制作的家具模型，或在墓室墙壁用砖砌成、雕成各式家具，其中表现墓主夫妇对坐在椅子上的场面最为普遍。如河南方城出土的石椅残件，河北井陉县柿庄七号宋墓墓室砖雕桌椅、二号墓墓室壁画《对坐图》中的桌椅，洛阳涧西宋墓墓室的砖雕家具，等等。

图1-13　圈椅

图1-14　四出头官帽椅

明清时椅子的形式及品种更是多姿多彩，即使同一品种，繁简、装饰、细部结构等也各不相同，极富变化，不仅圈椅（图1-13）、官帽椅（图1-14）、太师椅（图1-15）等形式发挥到了极致，还出现了一些新型品种，如玫瑰椅（图1-16）等。

图1-15　太师椅

图1-16　玫瑰椅

此外，在高型座椅出现之后，使用竹材制作的竹椅（图1-17）及用藤编工艺制作的藤椅（图1-18），继之成为椅类制品中的新品种。从现存的一些古代绘画来看，我国至迟于唐代开始有了竹藤类椅子。

图1-17　竹制椅

古代的"凳"，最早并不是我们今天所坐的凳子，而是专指蹬具（相当于脚踏）。也是自汉代以后，随着垂足坐习俗的出现，才将无靠背的一类高型坐具称为"凳子"。这种坐具发展到两晋、南北朝乃至唐代使用得更为普遍。经宋代再

图1-18　藤制椅

图1-19　清式梅花凳

图1-20　宋苏汉臣《秋庭婴戏图》之彩漆坐墩

至明清时期，凳子的形式多种多样，有圆凳、方凳、月牙凳、长方凳、长条凳、五方凳、六方凳、梅花凳（图1-19）等。凳子也称为"杌"，或合称"杌凳"。

古坐墩的形式主要有两种，一种是两头粗、中间收进的细腰型。另一种是两端小、中间大的花鼓型（图1-20），在墩面上装饰绣套，则成为"绣墩"。

4. 桌案

桌案是指可供放置器物，或供人凭依的一类家具，也是起源较早的家具种类。

我国古代的桌案，起源于祭祀时使用的一种礼器——俎。有虞氏时即有"梡俎"之称，夏代时有"蕨俎"之谓，商代时也称"棋"，周代时又称"房俎"（图1-21）。俎起初只用于祭祀活动，后来俎的使用日益扩展至日常生活，因用途的不同，开始有了"案"的名称——祭祀用的称俎，日常使用的叫案。

汉代时案的使用已很普遍，如用于宴饮的食案，用于读书、写字的书案，用于侧坐倚靠的"欹案"，皇帝上朝及各

图1-21　中国古代的桄俎、厥俎、棋和房俎

级官吏升堂处理政事使用的"奏案"，等等。

　　几在我国古代，最早指凭倚之具，人们席地而坐时放在身前或身侧以供倚靠，因此可以认为是靠背的母体。用作倚靠的几一般称"凭几"（图1-22）。大约到春秋战国时，几不仅供凭倚，也用以放置器物，便具有了桌案的功能。用于物品置放的几多为长方形，与案的形制相似，通常比案略小。也有呈倒工字形的既可倚靠也能置物的架式宽几（图1-23）。

　　魏晋南北朝至隋唐五代时期的几，在沿用汉代形式基础上，又出现了新的品种。如用于倚靠的弧形三足曲几，既可以在席地坐时使用，也可以置于床榻上使用，由于其弧形的特点，使用时不论左右侧倚、前伏或后靠，都很方便、舒适，可追溯为圈椅靠背之原型。另一种用于倚靠的新品是隐囊，即以锦缎等织物缝囊，表面以刺绣等作装饰，囊中用棉絮等填实，放在床上供人凭靠，其舒适度胜过凭几。还有专门用于烧香祈祷的高足香几，也出现于这一时期。

　　魏晋至唐五代时期的书案，除由低型变为高型外，案面也由平板面发展为两端翘起的翘头或卷沿状（图1-24），宋代及以后的案面多为此形式。

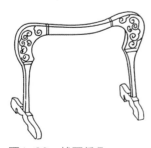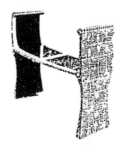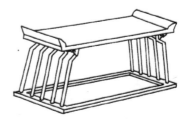

图1-22　战国凭几　　　　图1-23　曾侯乙墓　　图1-24　带托泥燕尾形翘头案
　　　　　　　　　　　　出土的彩绘漆几

13

图1-25　周昉《唐宫仕女图》中的大案

图1-26　敦煌八十五窟唐代壁画中的屠案

从一些传世绘画（图1-25）及敦煌壁画（图1-26）中所描绘的场景中可以看到，虽然高型桌案在唐代时已广泛使用，但是"桌"的名称最早出现却在五代时期。

两宋及辽金时期，随着高型家具的普及，桌类也进入其空前的发展阶段，从形状上看，有方桌、长方桌、条桌、圆桌、半圆桌，等等；从用途上来说，则出现各种专用桌，如弹琴用的琴桌、对弈用的棋桌、宴会用的宴桌，等等。

宋代时虽然形成了桌类家具的较完整体系，但古代桌子的另一个新品种——抽屉桌，从现有发掘来看则出现于元代。山西文水北峪口元墓壁画中即有桌面下安有两个抽屉的桌子。大同元代王青墓出土的陶长方桌，桌面下也做成了抽屉的样子。

至明代，桌类家具与其他类型的家具一样，达到了传统家具发展的高峰，在造型、结构、材质、工艺及使用功能等各方面都有较完美的体现。仅以方桌（图1-27~图1-32）为例，可见其形式变化的丰富性。

方桌一般称为八仙桌，尺寸略小的叫六仙桌或四仙桌。方桌的基本造型，可分为有束腰方桌和无束腰方桌两种。在此两种基本造型的基础上，各部分又有不同的构造形式，如腿部有方腿、圆腿、仿竹节腿等；脚部有直脚、弯脚、内翻或外翻马蹄脚等；枨子有直枨、罗锅枨、霸王枨等；枨上装饰有矮老、卡子花、牙子、绦环板等；面下牙板往往还雕有各种装饰花纹，不一而足。

桌由案演变而来，二者在结构和造型上的主要差别，在于案的腿足不在四角，而在两侧向里缩进一些的位置，桌的腿足则位于面板下之四角。案的两侧腿间大都镶有雕刻各种图案的板心或各式圈口。案足有两种形式，一种是不直接触地，而是一侧两足落在一个长条形的木方子之上（称"桥"，图1-33）；另一种是腿足直接触地，一侧的两腿略微向外撇出并以横枨连接（图1-34）。案

图1-27 有束腰霸王枨方桌

图1-28 无束腰直枨加矮老方桌

图1-29 有束腰直枨加角枨矮老方桌

图1-30 无束腰裹腿枨安卡子花方桌

图1-31 有束腰罗锅枨卷草纹方桌

图1-32 有束腰罗锅枨梅花纹方桌

图1-33 木方子托泥翘头案

图1-34 直腿平板案

面也有两种形式，即翘头或卷沿状和平板状。案的上部结构则基本相同——在案腿上端横向开出夹头榫，前后两面各用一条通长的牙板将两条案腿贯通在一起，共同支撑案面。两面的腿也略向外倾斜，以增加稳定感。

另外，我国古代桌案类家具还出现过组合使用的形式，如宋代曾颇为流行，被仕宦贵族竞相仿造的"燕几"（也称"宴几"），是由七件长短不一但有特定比例和规格的长条桌组成，使用时可根据需要进行组合陈设，形式可单可拼，可多可少，可大可小，可长可方。

明代时这种组合桌案又发展成为"蝶几"，是依照七巧板的形状创意而来，所以也叫"七巧桌"或"奇巧桌"，由形状不同的几案组成。为便于组合出更多的形态，一些形状的几案则做成复件，不仅可拼方形、长方形，还可拼成犬牙等形状，灵活多变，多作为园林家具使用。

5. 箱柜

箱柜是泛指用于贮藏或存放各种物品的一类家具。

我国古代的箱柜，有人认为起源于祭祀时使用的另一种礼器——禁。但是，禁和俎虽然都是古人在举行祭祀仪式时用来放置供品和器具的台案，所不同的是禁被认为是专门用来放置酒具的案，其箱形结构可能是在青铜禁（图1-35）出现后才有的。如此说来，箱柜家具起源于禁的说法是不成立的。事实恰好相反，铜禁出现之前，酒具是置于木案或石案上的（山西襄汾陶寺龙山文化遗址出土的上置陶制酒具的彩绘木案即为例证），青铜器之前没有木质或石制的箱形用具，显然是不合逻辑的。"禁"的称谓应该是在青铜器出现以后，因形态不同以区别于俎之形制而得名。

根据史料考证，我国至少在夏商时期便有了箱柜的使用，只不过最早的名称为"椟"。周朝时已有了"匮"（同"柜"）的称谓，但那时的匮，并非我们今天所见之柜，而是类似于现今的箱子。古代的"箱"，同"厢"，是指车内存放东西的地方（《说文》：箱，大车牝服也）。另外，箱形容器还有一个名称叫"匣"。匣与柜在形式上并无明显的界限和区别，因而古时常将二者混称为"匣柜"。许慎在其《说文解字》中，将柜、匣、椟互释，可见三者形制十分接近。

图1-35 西周早期（左）及战国（右）青铜禁

史籍中关于柜的记载很多，如《韩非子》："楚人卖珠于郑，为木兰之椟。薰以桂椒，缀以珠玉。饰以玫瑰，辑以翡翠。郑人买其椟，还其珠，可谓善卖柜而不可谓鬻珠也。"唐徐浩《古绩记》有："武廷秀得帝赐二王真迹，会客举柜令看。"这些记载，表明时至唐代，柜与匣、椟等称谓，所指仍混淆不清。宋代文字学家戴侗《六书故》曰："今通以藏器之大者为柜，次为匣，小为椟。"可见后来主要是从尺度上对三者进行了区分。

我国迄今出土的箱柜实物，年代最早的是河南信阳长台关战国楚墓中的小箱和湖北随州曾侯乙墓中的漆木衣箱。曾侯乙墓共出土五件漆木衣箱，其基本形态为隆起的弧形顶盖（称"盝顶"），盖顶中线两侧设有棍托，箱身四角设有凸出的把手，目的是便于捆绑搬抬；箱体四周和盖顶均绘有扶桑、太阳、苍龙、白虎、蛇和人物，以及二十八宿天文图等彩色装饰图案（图1-36）。

图1-36　湖北随州曾侯乙墓出土的漆木衣箱之一

受席地坐起居生活方式的局限，箱与柜的形体一直以小型、低矮为特点。箱柜家具的巨大变革也是随着垂足坐生活方式的确立而兴起，因而大约在南北朝时期开始有了"橱"。橱即现在的前面开门的柜类家具，有人认为是由汉代及汉以前放置器物的几（如图1-23所示之战国几，也可看作是单层的架）演变为架格，架格再加围板和可开启的门扇发展而来。橱柜出现之后，柜与箱的概念也渐渐明晰起来——掀盖者为箱，开门者为柜。

唐代时使用的箱柜形体和容量较大。西安东郊苏思勖墓壁画中有置于抬舆之上的盝顶大方箱（图1-37），在当时来说是比较流行的一种。另一典型形象见于西安东郊王家坟90号唐墓出土的三彩釉陶柜模型（图1-38），嵌合式柜盖设于顶部前面正中，盖子的大小约各占长和宽的一半。周身饰以乳丁，其形态特征与汉代的柜差别不大，从粗

图1-37　唐代苏思勖墓壁画之盝顶大方箱

图1-38　西安王家坟唐墓出土的三彩釉陶柜

图1-39 宋代刘松年《唐五学士图》所绘书柜

图1-40 顶竖柜

图1-41 圆脚柜

壮的四腿及离地的高度来看，只是由放置于地面的低型家具演变成了高型家具。

唐宋时也已有专门存放书籍的书柜（图1-39）。柜与箱的差别在宋代已趋于明显，柜的形体一般比较高大，且由放置于桌案之上使用的形式演变为带有腿足的落地式立柜。

至明清时代，箱柜类家具出现空前繁荣的局面，各种形式的柜、橱、箱几乎应有尽有，异彩纷呈。其中较典型的品种，包括顶竖柜、圆脚柜、亮格柜、官皮箱、闷户橱、桌柜，等等。

顶竖柜分底柜和顶柜两部分，也称为"顶箱立柜"，一般成对使用，共四件四个门，因此也称"四件柜"或"四门柜"，是柜类家具中最主要的一类（图1-40）。

圆脚柜的特点有：四框通直，外角打圆，有的腿足也做成圆形；对开门，两扇门一般均以整板镶嵌，柜门开启使用转轴；柜体正面略有收分（图1-41）。

亮格柜是集柜、橱、格三种形式于一体的家具，样式多变，总体特征是分为上下两部分，下实上虚。下面实体部分设门或抽屉，上面空格部分可一面、三面或四面通透，并分层或隔（图1-42）。还有一类称为"多宝格"的亮格柜，其特点是分格横竖不等、高低错落、参差有致，样式复杂多变，一般成对配制及摆设，结构多左右对称（图1-43）。书格的样式也很多，基本特征是正面不装门，若装门则采用棂格门。有的侧面和后面也通透，只加较低的栏板。有的还在中部加设两个抽屉。

官皮箱是常用于官员出行时使用的一种小型箱柜类家具。其结构特点是上设箱盖，盖下设一活动方盒；前开两门，内设大小不一抽屉数枚；箱子的背板、两侧板及门板上沿做出仔

图1-42　亮格柜

图1-43　多宝格

图1-44　官皮箱

口，箱盖合上时即可扣紧封严；箱体两侧安铜质提环，以便搬挪（图1-44）。

闷户橱是在抽屉桌的抽屉下面再加闷仓演变而来，成为兼具桌案和柜橱两者功能的家具。依抽屉的数量，称为一屉橱、连二橱、连三橱、连四橱，等等。其结构形态多为案形（图1-45），也有桌形。

桌柜是将桌下空间做成柜橱形式，最常见的做法为上面设抽屉、下面开柜门。也分桌形和案形两种结构（图1-46）。

图1-45 案形连三屉闷户橱

图1-46 案形柜

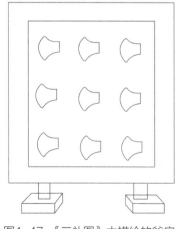

图1-47 《三礼图》中描绘的斧扆

6. 屏风

屏风是用以起到遮蔽、挡风、隔断等作用，同时又具有很强装饰功能的一类家具。

关于中国古代屏风的起源，明代罗欣所著《物原》中虽有"禹作屏"的说法，但无可考证。根据古籍记载，屏风最早有"依"或"扆"、"邸"、"罘"等名称。如《三礼图》有"凡大朝觐，大乡射，凡封国命诸侯，王位设黼依"，《礼记》有"天子设斧扆于户牖之间"。所述之"黼依"，或写作"斧扆"，即为周朝时天子座后的屏风（图1-47）。这种较原

图1-48　战国楚墓出土的彩漆木雕小座屏

始的屏风，是以木为框，糊以绛帛，上画斧纹，近刃处为白色，近巩处为黑色，名为金斧，取金斧断割之义，为天子所专用；又如《周礼·冢宰·掌次》有"设皇邸"。邸，即指屏风。皇邸，是指以彩绘凤凰花纹为装饰的屏风。"罘"则是指用于室外门前的遮屏，类似于今天的影壁或照墙。而"屏风"之称谓，在《史记·孟尝君列传》中有"孟尝君待客坐语，而屏风后常有侍史，主记君所与客语"的记载，可见至迟于西汉时即已使用。

我国迄今出土最早的屏风实物，当属河南信阳战国楚墓出土的漆座屏，以及湖北江陵望山一号战国楚墓出土的彩漆木雕小座屏（图1-48），虽属陪葬明器，但其做工之精细，雕刻之生动，足以证明战国时期的木器制作已经达到了很高的艺术水准。

到了汉代，屏风的使用已较为普遍。如《西京杂记》里有"汉文帝为太子时，立思贤院以招宾客。苑中有堂隍六所，客馆皆广庑高轩，屏风帷帐甚丽"之描述。从各地发掘的汉代画像石及汉墓壁画来看，在种类和形式上，不仅有独扇的屏风，也有由多扇连接形成的曲屏，或叠扇屏。屏风在室内的使用，除了设于座后之外，也常用来围挡床榻，形式有一面围、两面围和三面围等。一面围是只在床榻的后侧设屏，可用独扇或叠扇；两面围是将屏风立于床榻后面一侧，把一扇折成直角挡住床榻的一头；三面围则两头各有一扇折回，可由一座长屏围成，或由多座短屏合围而成。有的床榻屏风还设有用以放置刀剑等兵器的架子。

汉代屏风的制作，初为木框嵌板，板面髹漆并加以彩绘。有了纸张以后，则多在木框上糊纸，再绘以各种仙人异兽等图像。镂雕屏风也有使用，但比较少见，可能是由于其具有通透性而遮挡功能不足的缘故，或者是只在昔日楚地有雕制遗风，相关记载如《三辅决录》有"何敞为汝南太守，章帝南巡过郡，有雕镂屏风，为帝设之"。

出土于湖南长沙马王堆一号汉墓的漆木屏风（图1-49），是迄今我国发现的最早的屏风实物。其结构为木框、木胎，框下有两个承托的足座。尺度为通

图1-49　长沙马王堆一号汉墓出土的漆木屏风

图1-50　宋《梧荫清暇图》中的屏风

高62cm，屏板长72cm，宽58cm，厚2.5cm。屏面髹漆，一面红漆地，以浅绿色油彩满绘纹饰，中心为一谷纹圆璧，周围为几何形方连纹，边缘黑漆地，朱绘菱形图案；另一面黑漆地，上绘游龙一条，龙身绿色，鳞爪丹赤，昂首张口，腾云遣雾，灰色云纹，边缘亦绘朱红色菱形图案，鲜艳醒目。

魏晋至隋唐五代时期，屏风的使用更加普遍。在东晋顾恺之《列女传图》等绘画中可以看到当时使用屏风的一些情景，以三扇式屏风为常见：人坐席上，左右和后面各立一扇。三扇及多扇折叠屏风的特点是无须底座，只需打开一扇，便可直立，因此多轻巧灵便。独扇屏则必须有竖向木座支撑，一般形体也较为宽大，因此多显得笨重些，其陈设的位置相对比较固定。

此间，随着垂足坐起居方式的日渐流行，屏风也向高大方面发展。隋唐五代时期盛行书画屏风，文字记载及当时的绘画中多有印记。有的屏风双面绘图，可随意陈设。连屏的数量不受限制，可以根据需要随意增加。北宋陶毂《清异录》中说："五代十国时期，后蜀孟知祥做画屏七十，用活动钮连接起来，随意施展，晚年常用为寝所，喻为屏宫。"可见屏风使用在当时达到的奢华程度。

宋代时的屏风很少见于文字记载，但有很多形象资料留存下来。如佚名绘画《梧荫清暇图》中的屏风（图1-50），较宽的边框上浮雕绦线，框内镶板，屏心描绘山水风景，下有墩子木基。李公麟《高会学琴图》及范仲淹像中，有相似类型的屏风。《白描大士图》中的独扇屏风，形体庞大。刘松年《罗汉图》中的屏风则为三扇屏。这种中间扇较宽、两边扇较窄的三扇屏，摆放多呈"八"字形式，普遍为后世的宫殿所采用。其实物资料，当数太原晋祠建于北宋天圣年间的圣母殿中圣母塑像后所立海水纹屏风（图1-51）。在一些宋墓壁画中也有屏风的描绘。考古发掘中出土的宋代屏风实物，则有河南方城出土的石屏风，山西大同金墓出土的木屏风，等等。

宋代及以前，屏风的使用基本上是取其屏蔽分隔之实用功效，装饰作用在

图1-51　晋祠圣母塑像后的三扇座屏风

其次。到了明清时期，屏风不仅为实用家具，更是室内不可或缺的装饰品。很多我们今天得以看到的屏风，与其说是家具，不如说是精美的艺术品。特别是清代雍正、乾隆时代宫廷所制作的屏风，更是达到了登峰造极的程度，其造型之雍容，工艺之精湛，用材之讲究，装饰之华美，令人叹为观止。

从结构来说，明清屏风可分为座屏风和曲屏风两种。座屏风又可分为多扇组合式和独扇插屏式。

多扇座屏风的屏扇为单数，最少三扇，最多九扇，呈中线对称制式（图1-52）。正中一扇较高也稍宽，两边依次稍窄也降低。底座多为"八"字形，屏与屏及屏与底座一般做成活榫销连接，以方便搬运组合。

图1-52　多扇座屏风

图1-53 独扇座屏

独扇座屏风，是将单独的一个屏框插在特制的底座上，因此也称为"插屏"（图1-53）。其形体有大有小，大者接地陈设，一般多用于挡门；小者置案摆放，多位于大厅中堂，起装饰或象征作用。

曲屏风为多扇活动式，一般为双数扇，每扇之间多用销钩连接，或者用凌绢裱糊连接。扇面图画或刺绣各种山水风景、花鸟虫鱼和人物故事等，或装裱名人字画、诗赋，或在屏板上雕刻图案，各类装饰手法，无所不用。这类曲屏置于较大的厅堂等场所用以分隔空间的同时，具有很高的观赏和审美价值（图1-54）。

图1-54 红木雕花镶嵌缂丝绢绘曲屏风

7. 架台

架台是用于悬挂或承托物品的一类家具，如衣架、巾架、盆架、灯架和梳妆台、镜台等。

在我国古代，最早的用于挂衣服的用具，大体有两种形式，一种是钉在墙上的木橛，谓之"楎"（《尔雅·释宫》：在墙者谓之楎）；另一种即横架的木杆，称为"桁"（《尔雅·释器》：竿谓之桁），或叫做"椸"（《尔雅疏》：凡以竿为衣架者，名曰桅）。且从后世的一些文字来看，这些称谓一直沿用到隋唐时期。如唐岑参《山房清事》中"数枝门柳底衣桁，一片山花落笔床"，韩愈《寄崔二十六立》之"桁挂新衣裳，盎弃食残糜"等诗句，以及柳宗元《永某氏之鼠》中有"某氏室无完器，桅无完衣"，等等。目前所见最早的"衣架"之名，是唐代《济渎庙北海坛庙堂碑阴》中有"竹衣架四，木衣架三"的记载。

有关古代衣架的形象资料，目前发现的有河南禹州的宋墓壁画，除有衣架以外，也有巾架、盆架和镜架等。其中的衣架，是由两根立柱支撑一根横杆，横杆长出立柱，两头上翘并雕出花瓣。郑州南关外北宋墓壁砖雕中的衣架，形态也为横梁长出两柱，两头略有上翘；在两根立柱之间，还有两根横木（称"中牌子"），既起加固作用，同时也可挂物；在横杆和两道横桄之间，各加一支和两支小立柱（即"矮老"）。洛阳涧西宋墓砖雕家具中也有类似的衣架形象。

明清家具中的衣架，基本沿袭宋代制式，只是在局部结构上及装饰式样方面多有变化（图1-55）。

巾架的结构与衣架基本相同，只是其长度较衣架要小得多，多与盆架配合使用。实际上，它并不一定专为挂巾，若用在内室，也可挂衣，一般只供一人使用，也可称为单人衣架。

图1-55　几种明清衣架

盆架的起源可能要晚于衣架，最早实为无架的盆座，其状形如圆凳，面心挖一圆洞即可置盆。后来的盆架，形状有四角、六角和八角形，也有圆形。角形盆架腿足与面形对应，数量相等，足下或有或无托泥。圆形盆架则四足、五足或六足，或直或鼓，都落于托泥上。将六角形盆架的其中两腿加高并加上横杆，便形成了集盆架和巾架于一身的现代式盆架。明清家具中，这类盆架也极富实用性和艺术性（图1-56）。

灯架是由较原始的灯座和灯挂演变而来。古代照明用灯分为座灯与挂灯两类，所用灯架相应也有两种形式，一种是托座式，另一种为挑杆式。灯架有高

图1-56 明式盆架　　图1-57 明式可升降灯架

图1-58 清式小梳妆台

矮之分，高者直接放在地上，矮者可放于桌案上。明清家具中较为典型的托座式灯架，是一种可以升降的屏座式（图1-57）。这种屏座式灯架，其底座与插屏相似，不同之处一是较窄，二是两侧开有槽口的立柱升高，并加一横梁形成屏框。横梁下再加一根横枨，两者中间位置钻以圆孔，将顶端带有托座的木杆经两孔贯入，木杆下端再与两头以榫插于立柱槽口的活动横木相连接便形成滑杆。横枨上的圆孔一侧加大为方形，装入一个内圆外方的弧形木楔，用以调整和固定滑杆的位置。

挑杆式灯架的制式，一般是在底座中间立木柱，木柱四面抵以站牙，中心钻孔，用以插入灯杆。灯杆的上端套以各种造型的铜质拐角，拐角的下端设有挂灯笼的吊环或吊钩。这种挑杆式灯架的特点是一侧承重，为增加其承重能力，保证稳定性，常在底座的四角镶以铅块。

梳妆台在我国古代是使用最为普遍的家具之一，因为男女都蓄发。只是明代之前各个历史时期的梳妆台的形象资料及出土实物甚少。明清家具中的梳妆台，有大小之分，其形与桌案相似，不同的是在面上增设小橱和镜架。装镜子的支架位于桌面后沿，镜子背后设钮，栓以绶带挂于支架上。玻璃镜子虽在明代由欧洲传教士带入中国，但明清时仍普遍使用铜镜，直到清末民初，玻璃制的镜子才普遍被使用，多采用镶嵌式装在镜框中。小橱专为存放脂、粉、梳、篦等化妆用具（图1-58）。梳妆台的前面还须配置供起坐的坐凳或绣墩。

镜台也称镜支，是放在桌案上的可随意挪动及外出携带的小型梳妆用具。其形式多为一小方柜，正面对开两门，门内装抽屉数枚，或者不设门只设抽屉（图1-59）。在面上四围设栏，前方留出豁口，后沿栏板内，竖三至五扇小型屏风。屏风两端稍内收，围成弧形，正中摆设铜镜，不用时可收起铜镜，把小屏风拆下放倒。还有的在上面做成盖子，使用时打开盖子，支起镜架即可。也有的不用支架，而把镜子直接镶在盖子的里面，掀起盖子即可使用。

图1-59 明清镜台之一

（二）现代家具

各种用途的家具自起源至工业革命之前，历经数千年的发展变迁，其过程是平稳而缓慢的。从工业革命开始，经过激烈的社会动荡和此起彼伏的艺术思潮的洗礼，加之新材料、新技术、新工艺的不断涌现，古典家具在传统与现代的纠结和阵痛之中，终于脱胎为以现代工厂和机器生产为基本属性的现代家具。时至今天，一个更加完备的现代家具体系日益形成。

与古代家具相比，现代家具的形制与种类已经大为丰富，使用的范围也大为扩展，可谓无所不有，无处不在。其种类的划分，可从以下几个方面来进行。

1. 按照使用功能分类

上述七种类型的古代家具，基本涵盖了家具的各种使用功能。按照使用功能进行分类，现代家具大体可分为以下五类。

（1）坐卧类。包括坐具，即各种椅子、凳子、墩子、躺椅、沙发、坐垫，等等。卧具，如床、榻、沙发床、床垫，等等。

（2）凭依类。即各种桌案，如写字台、办公桌、会议桌、餐桌、课桌、电脑桌、绘图桌、棋牌桌、茶几、梳妆台，等等。

（3）储藏类。即各种箱子和柜橱，如衣柜、衣箱、鞋柜、书柜、文件柜、橱柜、食品柜，等等。

（4）陈设类。即各种用于物品展示或支撑的架台，如博古架、展架、花盆架、商品架，等等。

（5）其他类。除上述几种功能以外的家具，如屏风、衣架，等等。

2. 按照住宅区域分类

按照现代住宅，特别是城市单元楼住宅的区域性功能的划分，家具可分为以下几类。

（1）起居室家具。或称客厅家具，如沙发、茶几、电视橱，等等。

（2）卧室家具。如床、床头柜、衣柜、梳汝台，等等。

（3）书房家具。如写字台、书柜、书格、博古架，等等。

（4）厨房家具。如食品柜、碗柜、操作案台、餐桌，等等。

（5）其他家具。如卫生间、贮藏间使用的挂架、台、柜、橱，等等。

3. 按照使用场所分类

若按家具使用的具体场所的性质来进行分类，现代家具则可细化为以下一些类型。

（1）家庭用家具。即传统意义上用于家庭生活及居室活动的家具。

（2）办公家具。即用于机关、事业单位及企业等办公场所的各种家具，如办公桌、会议桌、椅子、文件柜、沙发、茶几、大班台，等等。

（3）学校家具。即用于大、中、小等各级各类学校，特别是教室及其他公共活动场所的家具，如课桌、课凳、排桌椅、讲台、多媒体柜，等等。

（4）宾馆家具。即各类宾馆客房使用的家具，一般根据房间的大小成套设置，除床和床头柜之外，包括坐椅、茶几、电视桌、凳子、衣柜或壁橱、贮物柜、衣架，等等。

（5）餐厅家具。即用于各类饭店或餐厅的家具，如餐桌、餐椅、餐具柜，等等。

（6）医院家具。医院用家具中，主要是病床的要求与普通床有所不同，一般设计为床面可升降或倾斜式。

（7）商场家具。也可称为商业家具，如各种展品架、陈列架、贮藏柜、柜台、收银台，等等。

（8）其他场所用家具。如露天使用的园林椅、路边椅、台、凳，工厂车间使用的工作台，等等。

4. 按照所用材料分类

现代家具所用材料已远超出了传统的木质等天然材料范畴，新型材料几乎无所不用。以材料来说，具体有以下一些类型。

（1）木质家具。包括实木家具、人造板家具、实木和人造板家具，等等。

（2）竹藤家具。包括各种竹编和藤编家具，以及用实竹和竹材集成材制作的竹家具。

天然竹藤家具的性质特点与木质家具相似，与人体的天然亲和性甚至略胜

图1-60　充气沙发

图1-61　整体玻璃茶几

一筹。现代编织家具中，有以专用塑料条代替天然植物茎条的新型制品，所用塑料条具有较高的强度和韧性、良好的清凉感，以及均匀的宽度和厚度、色彩可人为设计等特点，产品别具一格。

（3）金属家具。金属家具包括整体金属和局部金属两类，所用金属主要有镀铬钢管、不锈钢、铸铁、普通钢材、铝合金，等等。

（4）塑料家具。塑料家具除包括整体塑料和局部塑料以外，也包括硬体和软体家具两种类型。硬体塑料家具以工程塑料为原料，软体塑料家具多用聚氯乙烯薄膜做面层然后充气而成，因此也称充气家具（图1-60）。

（5）石材家具。包括整体石质家具，如石桌、石案、石几、石凳、石椅，也有仅面料为石质的桌案，以及局部镶嵌大理石装饰的家具，等等。

（6）玻璃家具。玻璃家具（图1-61）有整体均为玻璃的茶几、桌案，或用金属材料为骨架、玻璃做面的几案，等等。

（7）复合材料家具。目前较多用于家具制作的复合材料是玻璃纤维增强塑料，俗称"玻璃钢"，所制家具即玻璃钢家具（图1-62）。近年来也有用碳纤维增强树脂等复合材料制作的家具。

（8）其他材料家具。如纸质家具、水泥家具，以及使用两种材料混制而成的钢木家具、钢塑家具、木塑家具，等等。

5. 按照结构形态分类

按照家具的结构或形态特征，可将家具分为以下不同的二元对应类型。

（1）框式家具和板式家具。基本结构是以实木方材或圆材形成框架，再以板材成面的家具即框式家具，实木家具均采用框式结构。以人造板为部件的家具即为板式结构，现代木家具普遍使用胶合板、中密度纤维板、刨花板和细木工板等人造板材，因此多称板式家具。

（2）接合家具和整体家具。接合家具是指由不同的

图1-62　玻璃钢一体椅

图1-63 整体塑料椅

零部件以一定的接合方式组成的家具。整体家具是指独立成形，没有零部件，无须接合的家具，一般只见于用铸模成型的金属或塑料家具（图1-63），或手糊成型的玻璃钢家具。

（3）定形家具和可拆家具。定形家具是指接合方式为不可拆卸的家具，可拆家具则是以可拆式连接件进行接合，以方便搬动和运输，一般用于体形或重量较大的家具。

（4）单体家具和组合家具。单体家具是相对于组合家具而言，即只有一种功能。将两种或更多功能设于集中摆放的一组家具，有时还可变换构件的摆放形式，即为组合式家具。

（5）单件家具和成套家具。单件家具是指数量，也可指功能。成套家具是指不同功能的多种家具，具有相同的风格、材质和工艺等特征，成套设计、生产、销售和使用。

（6）硬体家具和软体家具。多数材质的家具为不可变形的硬体，用塑料薄膜或橡胶做面层的充气家具，以及变形较大的床垫、坐垫和靠背等，可称为软体家具。

（7）成人家具和儿童家具。专为幼儿园或家庭使用设计的儿童家具，是现代家具体系中极为重要的一类，近些年来在我国及其他发展中国家备受青睐，相对于成人家具而言具有较大的成长性。

（8）古典家具和现代家具。古典和现代是以形态特征或风格样式而言，现代生产的古典风格的家具也是古典家具，或称仿古家具。

第二章
中国古典家具

一、从春秋到宋元——漆木家具

中国古代家具自史前的新石器时代起源，经夏商西周青铜器时代，至春秋过渡到铁器时代，属于家具发展史上的早期阶段。由于文字记载和实物等形象资料的缺乏，在这段长达约7000年的时间里，各类家具特别是木家具的真实形态和使用情况很不明朗。青铜器之前，各种木质家具如床、榻、俎、几、扆、椟、衍等，可能仅出于实用目的而处于草创的雏形时期。从第一个奴隶制国家夏王朝的建立及青铜时代的到来，开始使用坚利的金属工具，这就为木材的采伐加工和木器的制作提供了更加便利的条件。虽然难以找出确凿的证据，实际上夏商时期的木器制作已经达到了很高的水平，各种家具的使用可能也比较普遍，至少在统治阶层已普遍使用木床、木榻、木几、木屏风、木椟和木架等。这点我们可以从夏商周三代创造的辉煌的青铜文化，甚至从更早的石器时代的玉石工艺得到旁证，因为木器的制作要远比青铜器的铸造和玉器的加工容易。只不过，经久耐用的青铜俎、青铜禁取代了木俎、石俎和木案，在有了文字记载和以祭祀文化为重心的商周历史中，青铜器扮演着更为重要的角色而已。此外，从出土的一些漆器残片来看，商代已经有了比较成熟的髹漆技术，木家具的装饰，除了丰富的纹饰和红地黑花髹漆之外，还镶嵌象牙、松石、贝壳等，只是没有木器实物留存下来。鉴于此，中国古典家具的开端就姑且从春秋战国时期算起。

（一）春秋战国及两汉时期

春秋战国（前770~前222），即历史纪元中的东周时期，也就是奴隶社会逐渐解体，向着封建社会过渡的时期。这一时期的精神文化领域形成了中国历史上绝无仅有的诸子百家的局面，产生了众多的思想家和历史文化名人。在物质生产方面，伴随着冶金技术的进步，铁器时代的到来，生产工具较之青铜时代有了进一步的改进，社会生产力水平得到了很大的提高。特别是在房屋建筑及木器制作方面，出现了像鲁班那样的技术高超的工匠兼发明家，有了他发明的铁制的锯、刨、钻、铲等新型工具，本就比较容易的木质材料的加工对工匠们来说更加得心应手，木质建筑和木制品生产进入了一个划时代的发展时期。从此以后，木材的各种榫卯结构及雕刻等技艺层出不穷、臻于完美。

中国也是世界上使用天然漆较早的国家，迄今发现的最早的漆木器具是出土于河姆渡文化遗址的一只朱漆木碗。天然漆俗称大漆，是以采割于漆树的分泌汁液为原料加工而成的天然树脂涂料，其形成的漆膜坚韧、光洁，有较高的耐腐蚀性。在木质等器物的表面涂以天然漆的工艺称为髹漆。古代家具的髹漆不仅可对木材起到较好的保护作用，更是一种极其重要的装饰方法，髹漆工艺在形成漆膜的同时，还运用不同颜色的漆进行彩绘。漆木家具在我国古典家具的发展历程中，很长时间里一直处于主导地位。

虽然在古文献中有关于髹漆的最早文字，在商代及西周墓葬中也有漆片和漆俎等漆器的出土，从《史记》中庄周曾为"漆园史"的记载来说，可能在更早时期（比如西周）就已经有了专门管理漆树种植和漆汁采集的官吏，但是髹漆工艺得到更大范围的传播，漆器得以更广泛的使用还是在春秋战国时期。经过数千年的更迭和延续，髹漆工艺到春秋战国时代达到了很高水平，同时呈现出了鲜明的地方特色，形成了一定的地域风格。从有关文献资料及出土实物来看，战国时所使用的漆色以黑和红为主调，其他色彩或漆种有白、紫、绿、蓝、褐、黄、金、银等，其色彩之丰富和品种之齐全堪与今天相媲美。漆器的品种也远超出了木器的范畴，木胎之外，还有竹胎、皮胎、夹纻（以泥塑为模、漆为胶粘剂贴麻布至一定厚度后脱泥）胎、金属胎等。就工艺方面而言，髹漆除与绘画结合绘出彩色图案以外，也与镶嵌等装饰手法相结合，使制品在具有实用价值的同时，成为具有极高审美价值和深厚文化蕴涵的工艺美术品。

这一时期的漆木家具，由于有较多数量的出土实物，从中不难得出结论，春秋战国时的家具形态，种类上除了椅凳类以外已很齐全，造型和装饰上也取得了很高的成就。出土的实物漆木家具中，较为典型的除了上一章述及的河南信阳长台关战国墓中的彩漆木床（图1-3）、湖南长沙战国楚墓中的漆凭几（图1-22、图1-23）、湖北随州曾侯乙墓中的漆木衣箱（图1-36）以及河南信阳战国楚墓中的漆座屏（图1-48），还有同出于信阳长台关战国墓的雕花木案（图2-1）、随州曾侯乙墓的漆案（图2-2）等。

图2-1　河南信阳长台关战国墓中的四
腿雕花木案

图2-2　湖北随州曾侯乙墓中的三腿和
二腿漆案

秦始皇灭六国完成统一大业，建立了第一个中央集权的封建制国家，一系列的改革措施的推行，使国家在政治、经济和文化等各个方面达到了一个全新的高度。但由于秦朝立国仅有短短15年时间，其家具形态远不足以作为一个特定的时期来加以考察。但据史料记载，秦朝所建阿房宫，其宫殿之多、建筑面积之广、规模之宏大，前所未有，在秦亡被焚之时，大火三月不灭，可以想见宫殿内家具种类及数量之丰富。再如蔚为壮观、被称为"世界八大奇迹"的秦始皇陵兵马俑，其整体所展示的雄浑气魄以及各不相同的塑形，足以证明秦时的社会生产及工艺美术达到的辉煌程度，以及所起到的承前启后作用。

秦朝之后的汉代（前206～220），为封建制度建立以后迎来的较长一段平稳发展时期，形成了中国封建社会的第一个鼎盛时代，丝绸之路开启了东方泱泱大国之门。大汉之雄风，从此彪炳史册。

汉代时漆木家具在继承战国漆饰的基础上，也进入一个全盛时代，不仅种类多、数量大，而且装饰工艺也有较大的发展。由于国家长期统一，社会相对安定，经济持续繁荣，人民生活富足，文化艺术昌盛，而在社会生活方面形成了重孝道的思想观念及厚葬的社会风尚，因此有大批的汉代墓室壁画、画像砖、画像石留存下来，加之家具模型和实物的相继发掘，为我们了解两千年前的社会生活和家具使用情况，提供了大量的形象和实物资料。

汉代的生活起居方式依然是席地而坐，室内生活以床、榻为中心，因此床的形体较大，具有卧具和坐具的双重功能。所用之床，有的周围设以屏风，有的上设幔帐，有的还用珠宝装饰。所流行的榻，则多体小轻便，有独坐和连坐之分，即单人和双人坐榻。供客人所用之榻，客去后可以将之收起，故而有"去则悬之"的记载。

几和案的使用已很普遍。几置于床前，在生活起居中用以凭倚和放置器物。平民百姓与贵族阶层，都以案为饮食用具。书写和放置竹简则有书案，办公及处理政事有奏案，弹琴有专用的琴案，等等。

图2-3　汉代漆兵器架及食案纹饰之一二

汉代时的漆饰技术已达到了一个工种齐全、分工严密、工序繁复、技法多样、工艺精湛的全面发展阶段，漆器的生产和使用在社会生活中更加普及，是继青铜工艺之后又一具有显著时代特色的实用艺术品门类。其中漆家具仍以彩绘为主要装饰手法，黑和红也是基本色，以黑底红绘最为常用。装饰图案以云气纹和几何纹为多，基本特点是色彩艳丽、对比强烈、线条流畅、富于变化（图2-3）。除色漆彩绘外，油彩、针刻、贴金银箔、戗金（针划填金）、堆漆等装饰手法也多有运用。加上雕刻和镶嵌（金、铜、珠宝、玻璃等）装饰方法的结合运用，汉代漆家具成为灿烂的汉文化在社会生活方面的一个缩影。

汉代漆家具及漆器已有较多出土，仅长沙马王堆汉墓即有五百件之多，其中包括上章述及的最早的实物屏风（图1-49）。目前为止各地出土的漆木家具实物包括床、榻、食案、几案、箱、屏风、衣架、兵器架，等等。

虽然在东汉末期传入胡床，开始出现高型坐具，但总体来说汉之前基本为单一席地坐时期，因此春秋及两汉时家具的主要特征是低矮型。

（二）魏晋南北朝时期

魏晋南北朝（220～581）时期，尽管政治混乱、战争频仍、社会动荡，但其间人们的精神生活却相对处于一个自由开放的状态。超凡脱俗、放浪形骸、隐居山野的竹林七贤，只醉心于世外桃源恬静淡泊田园生活的陶渊明式隐逸性情，成为这一时期社会生活及人们精神状态的生动写照。在战乱中疲于奔命的人们对佛教所描绘的来世充满了幻想，从此佛教信仰得以盛兴，艺术创造的热情也便寄托在了大规模的佛教庙宇及石窟的建造之中。

另一方面，由于人口的频繁流动，民族的不断迁徙，此间形成了中国历史上的一次民族大融合。受北方民族高坐具的进一步影响，人们的起居方式由席地坐向垂足坐转变，家具的主要特征是更多地发生了由低矮向高型的转型。虽然从史料来看，汉灵帝时才有关于胡床的确切记载，但实际上可能在张骞出使西域、王昭君出塞等历史事件前后，胡床就已传入中原，只不过起初的传播范围及影响力可能不大。而进入魏晋南北朝时期，各民族之间的经济和文化交流对家具的发展起到了很大的促进作用，高型家具随之有了较大的成长，新出现的家具除了高型坐具，如扶手椅、束腰圆凳、方凳、圆墩、长机等以外，还包括高案、圆案及置于案上使用的橱等，竹编家具如笥、簏等的使用也较普遍。床榻增高至与椅凳相仿，并将床榻与屏风结合起来形成封闭式的三扇屏风床榻（罗汉床的原型）或四面屏风床，也有了带床顶和可拆卸的多面围屏床（架子床的原型）。另外，弧形三足凭几的出现，为后来靠背圈椅的问世奠定了前提条件。

高型坐具的腿形有直腿，也有弯腿。升高后的几案也多用直腿，并沿用汉代时的一侧多足落于一方木的制式。高度增加后的床榻则采用了佛教建筑中的须弥座结构作为床榻的支撑。因为其形状与宫廷中的巷弄之门相似，因此也称为壶门结构（如图1-4，图1-25所示），是自此以后至隋唐时期家具造型的一大特点。

此外，在木家具中使用了金属紧固件、连接件和插接件，提高了家具的整体牢固度，简化了家具结构。如1982年辽宁袁台子东晋墓出土的木箱，壁板间用"S"形铁件嵌入连接，四周包铁角并用铁钉钉牢，箱底与箱壁板用铁钉横穿钉牢，箱外两侧装有铁提环。同时出土的还有4件鎏金铜帐角，每件帐角均有三短管作直角连接，可插入木杆构成方形帐架。

漆家具仍是家具的主流，并出现了斑漆、绿沉漆、漆画和金银参镂带等新型装饰技法。斑漆现在也称斑纹变涂，是以几种颜色交混使用而产生的斑纹或以单色漆显示出深浅不同的斑纹。绿沉漆是一种色调深沉静穆的绿色。漆画是在红色漆面上用黑色线条描绘人物故事，然后再用色漆分别涂染人物的面部和服饰等部分，山西大同北魏司马金龙墓中出土的漆画屏风即用此法。金银参镂带是带状的薄金银片，经过加工雕刻成纹样，再嵌在家具上，显得更加富丽堂皇。南朝梁简文帝曾作一篇《书案铭》，其中称赞书案的做工："刻香镂采，纤银卷足，漆花曜紫，画制舒绿……"由此可知该书案运用了雕刻、金银镶嵌、绿沉漆髹饰等多种方法结合的装饰工艺。

由于佛教盛行，漆家具的装饰纹样也与佛教密切相关，其中莲花（也称荷花、芙蓉、水芝、水花等）纹是最为盛行的装饰纹样。莲花在佛教思想中代表净土，象征纯洁，寓意吉祥，随着佛教的兴起，莲花图案便大量应用在石刻、彩画以及陶瓷、金工、刺绣等装饰上。

也是因为佛教的影响，汉时的厚葬风尚此时已荡然无存，因此魏晋南北朝时期的家具实物出土较少，有关家具的详情也就主要借助于同时期形成的佛教石刻、壁画，以及文字记载、绘画等间接资料来加以判断。例如，在大同云冈、洛阳龙门和甘肃敦煌等众多的石窟造像和壁画中，随处可看到佛座的形象，其形态在统一中又富有变化。形状上有方形、圆形、腰鼓形；垂直结构上有三重、五重、七重；整体构造上有实的，也有空透的；装饰上有壸门、开光、莲花图案，等等。可谓形式多样，多姿多彩。由此可推测世俗生活中的凳和墩，其造型和制式也多种多样。

（三）隋唐及五代时期

隋唐至五代（581~960），总体来说是矮型家具和高型家具并存发展的一个时期，垂足坐和高型家具从上层社会逐渐向民间普及，同时高型家具进一步走向丰富和成熟。

隋朝虽结束了东晋及南北朝以来200多年的分裂与动荡，但其统一后只延续了30年（589~618）的时间，在古典家具发展方面，除了高祖文帝因忌"胡"字将"胡床"改名为"交床"或"绳床"外，其他方面没有特殊的记载或实证，也只能算作是一个承上启下的短暂时期。

随后取而代之的唐王朝（618~907），则在近300年的时间里缔造了继汉朝之后中国历史上的又一个太平盛世。国家统一，政治开明，经济繁荣，文化发达，军事强大，外交频繁，贸易广泛，影响深远。凡此种种，唐代时的中国，俨然是世界上最强盛的国家。文化艺术方面不仅产生了空前绝后的唐诗，书画艺术也名家辈出、成就斐然，工艺美术则有著名的三彩陶，等等。在这样的时代背景下，唐代家具总体上形成了浑厚丰满、宽大舒展、端庄稳重、华丽润妍、雍容尊贵的风格特点。

在家具种类和品种的发展方面，椅凳类坐具中出现造型别致、装饰考究的各种靠背椅和扶手椅，如逍遥椅（带靠背的胡床）、圈椅等，在魏晋南北朝出现的腰鼓形坐墩，到了唐代造型更为精美。高案得以流行的同时，开始有了桌并得到广泛使用。贮物的箱子形体更大，且加上了支脚或支架，使之远离地面而步入了高型家具行列（如图1-38）。床榻等家具与南北朝时相比变化不大，壸门结构箱式平台床更为常见，其次架屏床、独立榻等也得以沿用。屏风类如立屏、围屏等多素面无饰，淡雅洁净。

唐代的家具实物出土甚少，但在石窟壁画、绘画及文字记载中留有大量的形象资料及相关信息。从敦煌唐代壁画可以看到鼓墩、莲花座、藤编墩，还有形制较为简单的板足案、曲足案、翘头案、直腿方桌（如图1-26），等等。唐代的绘画中也有很多家具的写实体现，如上一章述及的郎余令《历代帝王像》中唐太宗所坐的椅子，卢楞枷《六尊者像》中所描绘的椅子和桌子（图2-4），周昉《唐宫仕女图》中的大案（图1-25）及《内人双陆图》中的高案和凳子（图2-5），等等。从这些写实形象来看，唐代家具的雕刻装饰也多表现为较复

图2-4 唐卢楞枷《六尊者像》中的椅和桌 图2-5 唐周昉《内人双陆图》中的案和凳

杂的雕花图案。

在家具漆饰和漆器制作方面，唐代时形成了金银平脱、雕漆等新型装饰工艺。金银平脱系以金银薄片裁制各种纹样，用漆胶粘贴于胎面，再经数道髹漆后细加研磨，使金银片纹饰脱露而出的装饰技法。雕漆是把漆料在胎上涂抹出一定厚度，再用刀在堆起的平面漆胎上雕刻花纹的技法，由于色彩的不同，有剔红、剔黑、剔彩、剔犀等名目。其他已有漆饰工艺中，金银彩绘和螺钿髹饰也有较多的应用。这些漆器的代表性实物，有1955年在河南洛阳唐墓中发现的螺钿人物花鸟纹镜，以及日本奈良正仓院馆藏唐代金银平脱漆箱、螺钿五色琵琶、螺钿棋案、金银绘八角镜箱和大量仿唐漆家具，等等。

晚唐至五代（907～960），家具造型及装饰发生了由华丽、繁缛向简洁大方、朴实无华的转变，开始表现出以简洁朴素的内在美取代复杂艳丽的外表美趋势，为宋代家具风格乃至明式家具风格的形成树立了典范。这一变化在顾闳中名作《韩熙载夜宴图》所绘系列家具（如图1-5，图1-12）中有突出的显现。

（四）宋元时期

宋朝（960～1279）在又一次实现汉民族大一统后的300余年里，为我们留下了一幅经济发展、城市繁荣的历史画卷。宋代家具沿着五代时已出现的简洁路线前行，是中国古典家具走向全面定型，进而形成较完备家具体系的发展时期。这一时期主要表现为椅凳类高型坐具在民间得以普及，基本实现了垂足坐全面取代席地坐的状况（图2-6）。同时，与椅凳相适应的其他类型的高型家具，如桌案、柜橱等也相应走向丰富和成熟，家具的框架结构进一步形成并得以确立。此外，由于家具类型的丰富，各种家具在室内的布置开始形成一定的

图2-6 北宋张择端《清明上河图》中的桌凳

格局，现代意义上的室内陈设及区域划分从此端倪初现。

宋代家具在结构上趋于简约、合理和精确，具体表现在壶门结构普遍被建筑式梁架结构所取代，曲线构件被直线构件所替代；高足家具的腿形断面多呈圆形或方形；构件之间多采用格角榫、闭口不贯通榫等暗榫连接；柜和桌等较大的平面，常采用"攒边"的做法，即将薄板嵌入开有沟槽的四个边框中形成整体部件；在外形尺寸及细部结构上，注重与人体的协调关系，等等。装饰方面则趋于朴素淡雅，很少采用大面积的雕镂做工，只做局部点缀以求其画龙点睛的效果。普遍采取具有装饰作用的各种结构和做法，如束腰、马蹄足、蚂蚱腿、云头足、莲花托、罗锅枨、霸王枨、牙板、矮老、托泥，以及侧脚、收分等。因此在整体造型上，宋代家具形成了纤巧挺拔、工整清丽、淳朴自然的风格特点，体现出了科学与理性的时代特征，拉开了中国古典家具至明代走向极致的序幕。

在家具种类和品种方面，椅类中除普通靠背椅如灯挂椅外，圈椅已接近完备，更有著名的交椅、太师椅及官帽椅等。高几、桌类中派生出不同的款式，还出现了中国最早的组合家具燕几。柜橱类家具从起初的置于桌案之上发展为落地式，进入独立的高型家具系列。其他如开光鼓墩、绣墩、方凳、圆凳、琴桌、炕桌、衣架、盆架、座地檠（挑杆灯架）、镜台、屏风等，品种丰富，款式多变，中国传统木家具至此基本定型，较为完备的古典家具体系得以确立。

这一时期漆家具仍是主流，漆饰工艺方面在继承唐代基础上也所有发展，如出现了将较厚的贝壳磨成薄片并加以裁切的薄螺钿工艺。雕漆装饰多用剔黑和剔犀。此外，宋代还形成了充满现代简约主义意味的一色漆风格，即只髹一种颜色而不加纹饰，这在历代的漆器发展中可谓独树一帜。一色漆在元代仍很流行，但在明清时已很少见。

随着高型家具的普遍使用，家具在室内的陈设也使居室形成不同的功能区域，比较典型的布局是在一定高度的平台上对称摆放成对的椅子，椅子中间设几案或桌子（图2-7）。这种平台多设于居室的正中位置，成为家庭成员特别是长辈人起居生活的中心。

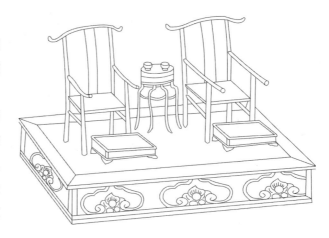

图2-7　宋李公麟《孝经图》之家具布局

值得注意的是，从出土的实物来看，与宋朝同时代的辽（907～1125）、金（1115～1234），在家具的生产和使用方面也有长足发展，所用家具种类齐全，结构简洁，外观特征主要表现为敦实厚重。

元朝（1206～1368）是中国历史上第一个少数民族统治的朝代，但其取代宋朝（1279）后仍采用汉制，政治及经济体制沿袭南宋，家具方面亦秉承宋和辽金建制，在工艺技术和结构造型上没有太大的成就。这可能是两种倾向影响的结果，一是宋式家具在异族统治下的不事声张、彳亍不前；二是辽金家具厚实笨重风格及蒙古式家具粗俗艳丽的审美取向对宋式家具产生的侵蚀，阻碍了其沿着简洁清丽的风格继续发展，恰如逆水行舟，不进则退。不过值得一提的是，这一时期出现了一个新的家具品类——抽屉桌。虽然似乎是因袭辽金家具厚重之风应运而生，但抽屉作为储物之匣，不仅开闭存取方便，而且使家具空间得到有效利用，实属一项非常实用的发明创造。或者从另一种意义上来说，一些新生事物的出现，也许要归功于民族文化之间的相互交融。

二、明清峰巅——硬木家具

（一）明式家具

明代（1368～1644）是中国继汉唐之后又一个经济和文化的兴盛时期。中国古典家具发展至明代中后期，形成了另一个特点鲜明的主流家具体系——硬木家具。这类家具起初被称为"细木家具"，因侧重于选用优质硬木为原料，也称硬木家具。明清硬木家具标志着中国古典家具发展达到的顶峰，代表着中国传统家具艺术的最高成就，被当代国内学者冠以"明式家具"之称谓。

所谓明式家具，从狭义上来说，是指我国明代至清代前期广泛流行的、以体现文人阶层审美情趣为基本特征的一类硬木家具，尤其是明代嘉靖、万历到清代康熙、雍正（1522～1736）二百多年间的硬木制品。从广义上来说，明式家具是指能体现这一中国传统家具风格的家具，包括明代中期至清代的家具制品，以及现代仿制品或"伪作"，也不仅限于硬木家具。

从地域特色来看，明式家具中最具代表性的是以苏州为中心的长江中下游地区所制作的硬木家具，也称"苏作"家具。苏作家具在富庶的江南历史、厚重的文化积淀、兴盛的城市园林、世俗的生活形态等发展背景中，为家具艺术注入了丰富的文化内涵。

其次是以北京为中心的周边地区所制作的家具，称为"京作"家具。由于集中了各地最优秀的工匠为皇家及上层社会服务，京作家具不仅是不同地方风格的集大成者，也代表着宫廷的作风和气派，尤其是其中的传统漆家具，无疑是全国最高水平的体现。

明式家具中另一个较重要的具有地域特色的品系，是以晋商文化为底蕴的"晋作"家具。晋作家具中占主导地位的是漆家具，其次是硬木家具，外观造型上一个突出的特征是沉稳凝重。硬木家具以就地取材的核桃木和榆木家具最为常见。漆家具多饰以细密繁杂的描金、螺钿镶嵌图案而显得富丽堂皇，其典型实例有收藏于北京故宫博物院的黑漆螺钿花鸟纹罗汉床、黑漆螺钿花鸟纹翘头案，以及黑漆描金龙纹药柜等。

（二）明式家具的风格特点

明式家具以其流畅的线条、简洁的造型、恰当的比例、自然的形态、典雅的外观，以及考究的选料、精细的做工、严谨的结构、适度的装饰和优异的功能等突出特点，成为中华文化宝库中的一枝奇葩。

1. 流畅的线条

在造型的基本元素点、线、面中，线无疑是最活跃、最具美学特性的图形符号。线是点的延伸，也是面的构成要素。用平行线、垂直线、斜线、折线、交叉线等直线，或用弧线、抛物线、双曲线、波浪线、蛇形线和圆等曲线进行家具造型，古今中外，概莫能外。但能做到像明式家具那样将线，特别是曲线运用到极致的，却绝无仅有。明式家具中舒展、流畅的线条带给人们的是清新、明快、优美的视觉感受（图2-8、图2-9）。

图2-8　明式衣架中的直线和曲线

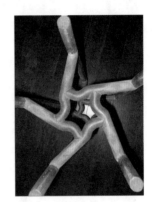

图2-9　明式盆架中的线型

再如曲线在椅子上的运用，圈椅自不必说，仅以官帽椅（图2-10）为例，其造型中除了四条腿下部、前后左右四根枨子及椅面四框等部件采用直线外，其余部位如后腿上部、前腿上部（称"鹅脖"）、搭脑、靠背、扶手及联帮棍均为弯度不同的"S"形。前牙板上部为美丽的流线型，两边衔接连贯而下的斜线，侧牙则为罗锅枨式的曲线，整体感觉自然而流畅。

在平面构件上做出凹凸线，方形零件边缘做出棱角线等，也是常见的线型运用手法（图2-11）。

2. 简洁的造型

明式家具以舒展流畅的线条为主要造型元素，同时体现出简洁大方、干净利落的总体造型特征。大至衣柜，小至机凳，在满足功能和强度基本要求的前提下，结构和造型上没有任何多余的累赘。

仍以官帽椅为例——细细的

图2-10　明式四出头官帽椅和南官帽椅

图2-11　明式多宝格中的黄金分割比例

图2-12　两款明式变体南官帽椅

图2-13　明式玫瑰椅之一款

椅腿，高高的搭脑，窄窄的靠背，纤巧的扶手和联帮棍，差不多简练到了无以复减的程度。下部的牙板和枨子，也主要出于结构的牢靠度而设，虽然比不上威格纳的现代中国椅更加简洁，但已是十分接近现代简约主义的作品。

桌类（参见图1-27～图1-32）、柜类（图1-41、图1-42）等家具也无不以简洁为造型基本特征。

3．恰当的比例

明式家具恰到好处的比例关系，表现为整体与局部、局部与局部、局部与零件之间的尺寸或形态，都极为匀称协调。如官帽椅，其上部与下部，腿子、枨子、牙板、靠背、搭脑、扶手及座面，其高低、长短、粗细、宽窄，都令人感到无可挑剔的匀称和协调。圈椅、变款的官帽椅（图2-12）、玫瑰椅（图2-13）等椅子的上部和下部尺寸比为1∶1。柜类及其他家具中的面，其长宽比大多符合黄金分割或接近黄金分割比例（图2-11），极富美感。

4．自然的形态

明式家具自然的形态，是指其取木材的天然花纹和色泽而表现出来的自然质感。将优质硬木或黄或紫、或深或浅之颜色，或直或斜之纹理，或卷或舒之丰富而优美的花纹形成的自然肌理和质感充分展现，所采用的手法就是不事漆饰，而是对木材表面进行打蜡处理。这也是硬木家具与传统漆家具的主要区别。最大限度地保持家具制品的自然形态，是明式家具的主要特征之一。

5. 典雅的外观

舒展流畅的线条，简洁利落的造型，恰到好处的比例，清新自然的形态，加上腿脚上适当的收分等，构成了明式家具朴实得体、庄重典雅的外在观感，表达出端庄、秀丽的内在的气质美。

两款变体南官帽（图2-12）以及各种款式的玫瑰椅（图1-16、图2-13）是明式家具稳重、端庄、典雅风格的代表之作。

6. 考究的选料

明式家具的用料为各种优质硬木，其中包括产于热带、亚热带的紫檀木、花梨木、酸枝木、鸡翅木、香枝木、乌木等名贵木材，以及中国乡土树种中的榉木、楠木、柚木、橡木、核桃木等。这些优质硬木不仅具有较高的硬度和强度，且多具有较深的颜色（主要是心材部分），加工时木材表面往往形成美观的花纹，显示着木材的天然质感和肌理美，以及温暖、柔和、亲切的情感表现力。它们的选用为明式家具风格的形成奠定了物质基础。

7. 精细的做工

由于选用的材料为优质硬木，这就为家具的精工细做提供了条件。明式家具中各个零件的加工，如曲线构件的合理下料和精削细磨，大弯曲构件的弯曲加工定形及局部的精细加工，尺寸精准的榫头、榫卯的加工和装配等，需要耗费大量的工时和精力。一件较复杂的家具往往要几个工匠历经数月方可完成，"细木家具"之称便由此而来。

8. 严谨的结构

无论整体或局部，明式家具都体现了科学严谨的结构方式。部件之间的接合采用的是较单一的卯榫结构，不仅不用钉连接，也很少用胶。很多构件之间依靠尺寸较小的榫卯以精确的紧配合形成牢靠的整体家具。在尺寸或跨度较大的部件之间，常镶以牙板、牙条、圈口、券口、矮老、卡子花，或使用罗锅枨、霸王枨、十字枨等，来增加家具的结构牢靠性。面板无论大小，均采用攒边结构，既可隐藏木板的端面，也可调节因环境干湿变化引起的板面尺寸波动。很多家具历经数百年的沧桑变迁，至今仍牢固如初，足见其结构上的科学合理性。

9. 适度的装饰

适度的装饰是明式家具的一个非常突出的特点。虽然说各种装饰手法，如雕、镂、镶、嵌、钤、描等，无所不用；各种装饰用材，如珐琅、螺甸、铜件、竹、牙、玉、石等，一样不少。但决不贪多堆砌，也不曲意雕琢，而是根据整体需要，只作恰如其分的局部装饰，使之不失简洁朴素的本色。如在圈椅、官帽椅等椅子的背板上，作小面积的浮雕、透雕或镶嵌（图2-10，图2-12）；在一些部件的端头做雕刻点缀（图2-8），等等。此外，在局部结构上施以牙板、圈口、矮老、卡子花、罗锅枨等，以及各种金属饰件的点缀，在加强结构牢固性的同时，起到一定的装饰作用（图2-10～图2-13）。因此可以说，明式家具的细部结构，体现了科学和艺术的完美结合。

10. 优异的功能

由于已经具有了很高的科学性，明式家具在使用功能方面也体现出了它的优异性。椅子的座面、靠背、扶手等，与现代人体工程学的要求相差无几。架子床和拔步床不仅具有良好的防护作用，也具有很高的私密性，对睡眠质量有很好的保障作用。还有夏天清凉、冬天保暖的"二宜床"、"凉椅"和"暖椅"，可用于休闲健身的滚凳，便于出行携带的折叠桌、折叠椅、提盒，变幻组合使用的蝶几，等等。现代家具应有的功能，明式家具均已具备，有些甚至有过之而无不及。

以上从十个方面对明式家具的风格特点进行了简要归纳，并非意味着它的十全十美，但明式家具不啻是中国古典家具发展史上的一座丰碑，也是世界工艺发展史中将技术、材料、工艺和审美融于一体的杰出典范。

（三）明式家具风格的成因

明式家具风格的形成不是一种孤立的现象，它是中国历史进入明代后，社会、经济、文化等各方面又一次走向繁荣在社会生产和生活上的一个侧面反映，是中华民族灿烂文明不断传承绵延的一个时代缩影。促使明式家具风格形成的因素是多方面的。

1. 文化和哲学思想根源

家具同建筑、服饰和艺术品等一样，是文化的载体和符号。古代中国虽发生了一次又一次的改朝换代，但历经数千年积淀而成的文化，血脉相承，源远流长，至明代已是初集大成的时候。明代初期，思想自由之风在政治的高压下穿行。中期以后，社会趋于稳定，自由进步思想渐盛，传统文化儒、法、道、释兼收并蓄，在理学的范畴内逐渐演化变异，乃至士人文化与市民文化互相包容、融合。这种文化特征，对明代的社会形态和人民生活有着深刻的影响。

在哲学思想领域，以王阳明为代表的新理学取代宋元程朱理学，逐渐占据主导地位，其"知行合一"的思想，以及王廷相的"实历"、王艮的"百姓日用即道"、宋应星的"鄙薄空谈，重视实践"等学术主张，集中地体现了明代崇尚实学的思想精髓。

在这种经世致用之务实思潮的引导下，至明代中后期，商品经济高度发展，生产技术达到了很高水平，经过学者文人的及时总结或潜心研究，产生了众多的专业著述和技术典籍，如宋应星编撰的《天工开物》，被称为中国17世纪的工艺百科全书；徐光启编著的《农政全书》，囊括了古代农业生产和人民生活的各个方面；计成的《园冶》，是中国第一部关于园林艺术理论的著作。家具方面，除了时为北京提督工部御匠司司正的午荣编修的《鲁班经》，戈汕著的《蝶几图》，黄成著的《髹饰录》等专业文献之外，还有很多涉及家具制作、陈设和使用等方面的著述，如文震亨的《长物志》，王圻、王思义父子撰写的《三才图会》，高濂的《遵生八笺》，曹明仲之《格古要论》，等等。这些闪烁着理性的光辉、凝聚着明代科学和人文精神的文献和典籍，标示着那时社会生产各个领域所取得的巨大成就，丰富了中国古代文化之宝藏。

2. 经济和社会发展基础

明政权建立以后，针对由连年战火和自然灾害造成的民不聊生、土地荒芜、农业衰颓的社会现实，推行屯田、鼓励垦荒、兴修水利、减免税赋等措施，使农业生产迅速得以恢复和发展壮大，重农的基本理念和方略得以确立和延续，这就为社会稳定和经济发展奠定了坚实的基础。

由于农业生产对社会稳定带来的保障，手工业也渐渐发达起来，商品经济得到长足发展，并出现资本主义的萌芽，无论是商品的种类或数量，都大大增加，随之而来的是明代经济的大繁荣时期。

在商品经济和手工业高度发达的情形下，一些时政的实施对工匠的生产经营活动产生了很大的影响。例如，嘉靖四十一年（1562），实行用银两代替徭役的政策，手工业者从工奴中解脱出来，获得了出售手工业商品的自由，生产的积极性被有效地调动起来。家具作坊里的工匠与其他行业的一样，可将制作的家具产品拿到集市进行自由交易。安居乐业的社会生活状态，给家具业带来了连续性和稳定性，从而促进手工作坊和规模生产的结合，家具制造呈现出空前的活力。

同时，随着商品经济的大发展，明中后期成为我国历史上的快速城镇化时期，尤其在江南沿海一带，形成大量的市镇。随着经济的繁荣和人口的增长，城市规模不断扩大，市民阶层迅速形成。市镇的崛起和城市的繁华，带来的是建筑和园林的兴盛，与城市园林建筑和室内陈设相匹配的家具，也就有了大量的需求。这种迅速增加的市场需求，无论对家具的数量、种类和式样等，都产生了巨大的推动作用。

此外，明代强大的航海技术，打开了中国通向世界的大门，促进了与周边国家的联系和贸易往来。明初期郑和七下西洋，最早将我国的家具产品输往东南亚、印度等国家，同时将热带的黄花梨、紫檀等名贵木材带回中国，从此开了明代家具制作选用上好木材之先河，进而促进工艺和结构的不断完善，使家具的整体品位得到提升。虽后又实行海禁，但民间贸易不断。明后期开放海禁，进一步促进了外贸的发展，南洋优质木材的不断输入，使家具用料渐成传统，我们才得以见到历经数百年岁月浸润，时至今日仍完好无损的一件件传世之作。

3. 文人的推波助澜作用

明式家具风格的最终形成，文人的参与是一个最直接的因素。我们甚至可以概括地说，明式家具风格是当时文人阶层的审美趣味与工匠的精湛技艺相结合的产物。

在中国家具文化发展史中，明代的文人最为活跃，文人阐述家具理论之繁，参与家具设计之多，都是任何一个朝代无法与之比拟的。在漫长的人类历史进程中，虽然随着生产力的发展产生了一定的社会分工，但是古代的工艺制作，工匠们往往集制作与设计于一身，既是产品的制作者，也是产品的设计者。明代时这种情形虽无大的改观，但文人士大夫以使用者的身份热衷于工艺制作、参与制品设计的风气日渐兴盛。在士人文化空前活跃的时代背景下，文人与家具便有了千丝万缕的联系，尽管未形成设计与制作的分工，但出现了一批历史上较早的业余"设计师"。除了主要记述于有关家具典籍中的一些设计，如《鲁班经》中的大量图例，文震亨《长物志》中的家具陈设，戈汕《蝶几图》中的组合家具，高濂设计的二宜床、欹床，曹明仲设计的琴桌，屠隆设计的郊游轻便家具叠桌、叠几、衣匣、提盒等，我们还可以从一些著名画家的作品中领略到明代文人对家具设计所做出的贡献，如唐寅在临摹本《韩熙载夜宴图》系列画中增绘的家具，以及绘画《琴棋书画人物屏》中的家具，仇英临摹《清明上河图》及绘画《汉宫春晓图》中的家具等，不仅仅是对已有家具的描绘，而是包含了自己的想象与创造。此外，在明代的家具上还出现了"攀文附雅"之风尚，且为明代所独有，即文人墨客在家具上镌诗钤印，从而提高了家具的艺术观赏性和收藏价值。其中的传世之作，包括大文人项元汴的天籁阁书案，文徵明书款的官帽椅，祝允明书款的官帽椅，董其昌题文的官帽椅，周天球书款的周公瑕坐具，等等。

明代早期，在朱元璋的专制政治和大兴文字狱的高压之下，在无数文人直接或间接死于非命的事实面前，众多的文化人为明哲保身，不得不选择远离政治旋涡的纯审美领域，或醉心于琴棋书画聊以度日，或习得一门"手艺"以苟且偷生，在一种隐逸的生活状态里孤芳自赏。因此，那时的审美风格出现两种趋向：一是伤感的内心趋于女性化，审美趣味变得更加柔和细腻；二是对元人粗俗、艳丽之风的厌恶而力求回归宋代淡雅、文质的风格。在木香飘逸的家具作坊里，可能有不少这种谨小慎微的隐匿之士，由于对个人政治前途的失望而成为技艺超群、匠心独具的一代木工大师。一代大师的技艺在以师徒或家族方式的手眼相传中，被发扬光大，在继承中不断发展。

明代中期以后，政局的长期稳定和经济的持续繁荣，在使宫廷生活走向骄奢淫逸的同时，也造就了文人阶层生活的闲适。尤其是嘉靖以后，文人的所好与所用，推动着家具的品种与形制的发展，进而形成了以乡绅、文官、儒商、文化人、艺术家等为消费主体的"文人家具"。与宫廷家具的繁复、华丽和尊贵有所不同，文人家具在审美趣味上是含蓄、内敛、简约而富于变化。文人家具的主人大多财力雄厚，修养良好，对居家环境等生活细节非常讲究，他们在吟诗、作画、抚琴、对弈、品茗、宴饮、筑园、赏花、看戏、参禅的闲赏之中，将艺术化的审美品位渗透于生活的每一个细节。很多家庭长期雇佣一些能工巧匠专门为其服务，他们制作一件或一套家具，比如一把官帽椅，往往不厌其烦翻来覆去地做很多次，直到各部分的尺度、比例及造型符合自己的欣赏眼光为止，这样就使得家具的审美品位得以提高，制作工艺更加臻于完美。

文人家具与宫廷家具一道，占据了明代家具的主导地位，其影响扩大至民间，被民间家具所仿效，三者的并存构成了一幅明代、特别是明代中晚期家具生产与生活的全景图，"明式家具"就此形成。

三、清代后期之式微

清朝（1616～1911）是继元朝之后又一个由少数民族建立的统一的朝代，但满人之前身女真族经过辽金时代的交融与演进，已是高度汉化的民族。于1644年入关取代明王朝后，清廷虽然强制推行"剃发易服"政策以实现"满化"，但由于自身文化的缺欠，不得不学习、借鉴和吸收博大精深的汉文化，在实质上的与汉文化的加速趋同化过程中，社会意识形态、文化价值和审美取向都发生着不可预料的变化。表现在家具艺术的演进交替方面，有着较明显的阶段性特征。

从清初至约康熙、雍正（1730）年间，这一时期主要表现在对明式家具风格的继承和延续。在用材、做工、制式和审美特征等各个方面，没有发生太大的变化，一个较明显的趋势，是从宫廷、府邸家具更加考究的用料开始的奢靡之风。

大约自雍正至乾隆、嘉庆（1820）年间，是清代社会的政治稳定和经济发达时期，也是史界所称"康乾盛世"局面的延续时期。这一时期的硬木家具，除了更加注重选用上好的木材以外，在结构造型和装饰手法上出现了显著的变化，形成了与明式家具截然不同的风格特点，具体表现在外观造型上的浑厚庄重，以及装饰风格上的奢华绮丽。这些变化主要从贵族阶层所使用的家具上开始，其内在的原因是要使家具的品质与宫廷、府第、官邸的富丽堂皇，以及达官贵人骄奢淫逸的生活相辉映；外在的原因是受到了同时代风靡欧洲的巴洛克、洛可可装饰艺术风格的影响。外形方面突出表现为用料的阔绰、尺寸的加大和体态的丰硕；装饰方面表现为过多过滥地使用雕镂，或较多地用玉石、金银、象牙、螺钿、陶瓷等材料进行镶嵌，漆家具则普遍用彩绘、金银绘、堆漆、剔犀等手法追求缤纷亮丽的效果。椅类上的装饰不惜以削弱甚至牺牲其使用的舒适性为代价，很多椅子已经不止是坐具，而是更多地成为一种身份和地位的象征（图2-14～图2-19）。这样的一种奢靡之风影响至民间，也不免有争奇斗富之嫌。这种与明式家具的简洁明快迥然不同的风格，我们不妨将之称为"清式"。

清式家具作为清代中期盛世之产物，本质上是清代统治者终于将压抑已久的从游牧民族到一统天下的雄伟气魄彰显于世人的一个结果，代表了追求尊贵富丽的世俗之风。虽然显得有些繁缛和奢靡，但是清式家具利用多种材料、调动一切工艺手段，追求极端之美，可谓史无前例。在制作工艺、艺术造诣、审美功能和文化内涵等方面，清式家具有很多可圈可点之处，不失为一种时代的进步。

清式家具装饰工艺中使用最为普遍的是雕镂，各种手法如线雕（包括阳刻

图2-14 清式太师椅

图2-15 清式五屏雕花座椅

图2-16 清式五屏螺钿镶花座椅

图2-17 清式五屏镶嵌玉石座椅

图2-18 清式靠背椅

图2-19 清式雕花镶玉宝座

和阴刻）、浅浮雕、深浮雕、透雕、圆雕、漆雕等，运用熟练，精湛无比；镶嵌有螺钿、木、石、骨、竹、象牙、玉石、珐琅、玻璃及金、银、铜金属饰件等，无所不用。并且，很多兼具装饰效果的构件在继承明式基础上常有变化，如长边短抹，用吉字花、古钱币造型代替短柱矮老，等等。特别是脚型变化最多，除方直腿、圆柱腿、方圆腿外，有三弯如意腿、竹节腿等。腿的中端或束腰或无束腰，束腰有高低变化，或加凸出的雕刻、兽首。足端有兽爪、马蹄、卷叶、踏珠、内翻、外翻、镶铜套等。或在侧腿间镶以透雕花牙、挡板等。北京故宫太和殿陈列的剔红云龙立柜，沈阳故宫博物院收藏的螺钿太师椅、古币绳纹方桌、紫檀卷书琴桌、螺钿梳妆台、五屏螺钿榻等，均为清式家具中的精粹。

再如清式家具装饰题材的运用，大多为人民群众喜闻乐见的形式和内容。所用装饰画面或图案组合，都必含有吉祥、富贵的寓意。通过象征、寓意、谐音、比拟等方法，创造出许多富有生活气息的吉祥图案，如"鹊上梅梢"、"松鹤延年"、"五福齐来"、"双鱼吉庆"、"年年有余"，等等。动物纹饰除了传统的麒麟、夔龙、夔凤、蟠螭、龙虎、狮子等以外，还增加了松鼠等新种类。植物纹饰有梅、兰、竹、菊、葡萄、折枝、卷草、灵芝、牡丹、西番莲等，非常丰富。

从生产的地域性上来看，清代也基本延续了明代的传统，家具作坊多汇集于江南及沿海各地，形成以江苏扬州及苏州、广东惠州及广州，以及河北冀州等为中心的主要产地，其家具制品也习惯被冠以苏作、广作和京作之名，表现出一定差异的地域特色。

苏作家具在世风变化的影响下，也开始转向烦琐和华而不实的一面，但总体来说变化不是十分明显，较多地保持着明式传统，表现为尺度的增加不大，重装饰而又节俭用料，除了小块木料的充分利用以及在家具的不显眼处掺以杂木外，在大件的家具上还采用包镶做法，即用杂木为基架，表面贴以硬木薄板。装饰题材多取历代名人画作，以松、竹、梅、山石、花鸟、风景及神话故事为主。

广作家具是清式家具的主要代表。明末清初大量西方传教士的来华传教，同时给中国带来了西方先进的科学技术，促进了经济和文化艺术的繁荣。广州由于其特殊的地理位置，逐渐成为中国对外贸易和文化交流的重要门户。随着对外贸易的发展，带动了其周边区域的手工业形成一个发达的局面，加之广东是国产贵重木材的主要来源地，以及南洋各国的优质木材也多经广州进口，这就为家具的生产提供了得天独厚的条件。因此，用料粗大、一致、形体丰硕及装饰西化等特点，也就主要出现在广作家具上。

京作家具包括宫廷家具和民间家具。宫廷家具实际上是以广作家具为主，因为广作家具深得皇宫贵族之心，清宫造办处的木作便专设广木作，所用匠师均出自广州，因此所做家具在风格上与广作差异不大。民间家具受宫廷家具的影响，雕刻、镶嵌等装饰也备受推崇，雕刻图案及纹饰以传统的夔龙、夔凤、螭、虬、蟠及饕餮纹、兽面纹、雷纹、蝉纹或勾卷云纹等为主。

而至道光以后，此时的西方世界，工业革命、科学革命和政治革命如火如荼，而中国依然沉浸在自给自足的农业社会里闭关自守。帝国主义列强以坚船利炮打开中国的大门，使中国沦为半封建半殖民地的国家，昔日之东方大国才恍然发觉自己的积弱之深、积贫之久，人们不得不重新审视传统的价值观。

从家具的工艺技术和造型艺术上来说，乾隆后期达到了清式家具的顶峰。因片面追求华丽的装饰和精细的雕琢，并以多求胜，过多的奢华达到极致之后，衰落已不可避免。实际上嘉庆时期已出现了较长时间的停滞，至道光时期日益彰显，由于帝国主义的侵略及国力的衰败，家具艺术每况愈下，生产渐趋式微。尽管京城仍集中了大批能工巧匠，但生产条件已捉襟见肘，昔日的奢华难以为继，以致后来朝廷内专管家具制作的造办处几近无事可做，连光绪皇帝大婚所用家具也都交由民间木器作坊随意制作，其用料及做工亦难比往常。

民间家具仍以京作、苏作、广作为主，但制式渐渐落入僵硬、程式化之俗套，做工也变得越发粗糙。

直至辛亥革命结束中国几千年的封建社会走向共和，在"打倒孔家店"的时代号角及西风东渐的劲吹之下，中国古典家具在无所适从和摇摇欲坠之中寻找着自己的出路，而最终不可避免地在"西学中用"标识的导引下，选择了它的通向现代化之路。

至此，中国古典家具暂时画上了它的一个句号。

第三章
外国古典家具

一、古埃及和古希腊家具

（一）古埃及家具

　　埃及位于非洲大陆与亚欧大陆的连接处，从地理特点来看，东面是阿拉伯沙漠，南面有努比亚沙漠和几个大险滩，西面是利比亚沙漠，北面濒临地中海，相对来说较为闭塞。但有尼罗河于中间纵贯南北，属于典型的沙漠绿洲。由于尼罗河的滋养和孕育，古代埃及创造了人类有史以来有据可考的最古老文明，被我们称为世界"四大古文明"之一。

　　古埃及文明大约始于上埃及（南部地区）和下埃及（尼罗河三角洲和开罗南部地区）统一之后的早王朝（约前3188～前2686）时期，消亡于公元641年阿拉伯人征服埃及之后的阿拉伯化。其中尤以始建于第三王朝（约前2686～前2613）时的金字塔为重要标志。其中最大的一座是第四王朝（约前2613～前2494）时第二位法老（国王）胡夫所建的金字塔，其次是接下来的第三位法老哈夫拉金字塔，哈夫拉金字塔前还有著名的狮身人面像。

　　古埃及人形成的宗教观念，是相信人死后会灵魂复活，人死只是灵魂离开躯体漂泊于宇宙间，如果回归肉体便可得到重生，死后必须保留身体使灵魂有自己的居所，因此便发明了防腐术来制造木乃伊。同时在古埃及人的神话世界里，太阳神被视为至高无上的神，法老是太阳神之子，是神的化身。他们活着的时候是人间之王，死后是阴间的统治者。不惜代价、极尽所能地建造安放法老遗体的陵墓以求永生，由此而催生了数以百计的巍峨金字塔建筑。金字塔既是法老灵魂通向宇宙的天梯，又像是指引法老灵魂走向天宇、犹如太阳神眼睛的万丈光芒。为使灵魂有一个永久的躯壳，国王便变身为黄金塑形，或石刻雕像（图3-1）。为了留住和延续人在世时的繁华，于是在墓室的内壁上有了大量的雕刻与绘画（图3-2）。由于金字塔地处沙漠环境，加之地下墓室的密封性和坚固性，就使埋藏于其中的国王现世生活中所用之物品或其复制品，包括一些装饰精美的家具，得以较完好地保存数千年之久。

图3-1　坐在宝座上的古埃　　图3-2　古埃及壁画中的座椅
及国王（胡夫）

在古埃及语中，"法老"的原始含义为"住大房子的人"。约在古王国（约前2686～前2181）中后期，人们开始相信，不光是国王法老和其他诸神，他们自己也有"灵体"，从此所有负担得起的人都建造和装饰了他们的坟墓。所以在整个古埃及的地下，埋藏着丰富的可供考古发掘的文物。

正是在追求身后之永恒成为较为普遍社会风气的时候，法老的金字塔陵墓已由衰落走向消失。约在第六王朝（约前2345）以后，随着古王国的分裂和法老权力的下降，加之人民的反抗及陵墓的时常被盗，法老们也就不再建造金字塔，而是在深山里开凿秘密陵墓。直至新王国（约前1582～前332）时期，秘密陵墓演变为幽深神秘的神殿，从此神殿完全取代金字塔，成为法老崇拜的另一种纪念性建筑物，创造了古埃及建筑和雕塑艺术的另一个辉煌。比较著名且保留至今的神殿，有卡尔纳克、卢克索、菲莱和阿布辛贝等（图3-3、图3-4）。

家具作为建筑的一个附属品，可从恢宏气派、雕刻入微的建筑结构折射出其达到的高度及取得的成就。因为有这些建筑物和大量的雕塑、绘画的留存，加之一些家具实物的出土，以及更大更广范围的考古发现，古代埃及的社会生活形态及家具使用状况便有一个比较清晰的轮廓。

图3-3 古埃及菲莱神殿外庭廊柱

图3-4 卡尔纳克神殿内庭立柱

  首先，古埃及人的住宅及家具使用按其主人的社会地位和经济状况呈现出很大的差异。劳动阶层的简陋小屋内很少或者没有家具。泥土制的长台，上面覆盖灯芯草编的席子或亚麻织的垫子便成为坐凳或床，也许会有几只三脚凳或一张粗陋的桌子，除此之外便是作为物品贮存用具的用灯心草或棕榈纤维编成的篓筐。

  富人家的别墅则是另一番景象，除了拥有绿树成荫、水波潋滟的花园池塘，房屋的构成与功能也十分完备，起居生活区、客人接待室、主卧室、侧卧室、厨房及餐厅、浴室及厕所等，一应俱全。房屋的厚墙用焙干的土坯砌成，屋顶及天花板被像棕榈树干的木柱支撑着，屋檐下设通风透光的窗户，室内主墙壁的较高处设神龛及祭坛。有图案的织物挂在墙上作为装饰点缀，或用作房间的间隔物。地面多铺以灯芯草席。有的房屋的楼上还附有朝北的凉廊，可供人们在暑热时在上面露天睡觉。房子里使用的家具数量虽不是太多，但满足日常生活之需已是绰绰有余。

  至于王宫、达官邸舍的豪华和气派，以及使用家具等物品的奢侈与讲究，无疑是时代文明成果的最高体现。作为日常使用物品之一的家具，其形态及品质成为使用者身份和地位的一种象征，恐怕是一切古代文明的一个共性，古埃及也不例外。

  其次，正如早期的绘画具有明显的程式化特征，古埃及家具在形制方面也表现出一个有章可循的特点，所有家具的样式和制作似乎都被限定在一定的规范之中。其中最突出的方面是造型和装饰上处处可见的各种动物形象，这是渊源于原始埃及人对动物的崇拜，各个部落都有以某种动物作为标志的"图腾"。所有动物都是埃及人的"神"，因此总是把奉为神灵的法老塑造为人和动物的混合体。法老的椅子和床做成动物如狮子、马、鹿的形状，喻义统治者坐卧于

图3-5　古埃及多神之
一荷鲁斯　　　　　图3-6　古埃及早期壁画中的床

"神"体之至高无上。局部雕刻动物装饰图案更为常见，如鹰头男人形象的象征智慧和保卫王权的"荷鲁斯"神（图3-5），母牛形象的哈托尔女神，带翼蛇形女神，以及狮头、狮腿、公牛腿、马脚、羚羊腿、鹅头、鸭头等。

　　床是一种矩形构架的简单式样，常常是用长一点的腿使床的头部略高，整个腿雕刻成动物的足形（图3-6），或者用花卉图案如莲花、纸莎草为饰，有时是用金属将床腿包裹起来。床的宽度一般不超过一米，床面是用草绳或纤维条穿过床架横档上的孔绷紧而成。早期的床腿与床框的连接也用刺眼穿皮条绑缚方式，皮条在潮湿的状态下使用，干燥后收缩绷紧从而使连接非常牢固。床垫则由亚麻纱布作表，内部填上稻草等软物而成。

　　凳子和椅子有多种样式，腿多为动物造型，装饰从简单到华丽，以使用者的身份而定。除单人椅凳外，也有双人凳和多人长凳或椅子。用亚麻布或皮做成的垫子，里面填充水禽的羽毛，覆盖在椅子的靠背和座面上。装饰较为华美的椅子，雕刻动物等图案之外，还镶嵌金、象牙、珍珠等。已经发掘出来的椅子实物，装饰最精致的是第十八王朝时年轻的法老图坦哈蒙（Tutankhamen）陵墓中的黄金王座椅，距今3300多年。王座椅几乎通体贴金，腿为雕刻狮子腿，两侧扶手为狮子身和头，靠背上的浮雕表现的是主人生前的生活场景，即王后在给坐在王座上的国王涂抹圣油。天空中的太阳神光芒四射，照在国王和王后的头顶。人物的服饰是用彩色陶片和翡翠石镶成，整个场景构图严谨，表现了古埃及匠师高超精湛的雕刻、镶嵌和金饰技艺（图3-7）。

　　桌子中以餐桌的使用较为普遍，可能起源于较早期的石盘、陶器盘，或者将碗放在低矮的陶架上就餐的习惯。在墓舍壁画及神殿浮雕中，有很多表现筵席的

图3-7　图坦哈蒙黄金王座椅及靠背画面（局部）

场景，处于伴有鲜花、音乐和舞蹈的欢乐氛围之中。

用灯心草和棕榈树的纤维等编成的篓、筐有多种用途，特别是用来贮藏食物。有着金属铰链（锁在古埃及没有出现，直到罗马时期才有）的箱子和盒子装着衣服、亚麻织物及其他物品。梳妆盒常带有抽屉。在神殿与墓碑中除了有像碗碟橱的神龛以外，在一些墓室的壁画中绘有细长腿的橱柜。

再者，古埃及人完善了大部分的细木工艺及装饰技术。埃及的木材资源并不丰富，且本土的木材（主要有金合欢属、鳄梨属、无花果树、埃及榕、冷杉、杜松、杨柳等）大都不适合制作细木家具，除了南部出产少量的乌木外，优质硬木需要进口。因此在细木工艺方面发展了很多适用的方法和技能，例如将小块且不规则的木材拼接成大块木，填塞或缝缀木材的裂缝，用优质薄板覆盖劣质木材，以及各种精密的榫卯连接，等等。

装饰技术除雕刻和各种镶嵌外，用金子装饰木质家具的金木技术也非常完善。其中的贴金箔技术，其一般工艺是先涂动物油和丝柏灰泥，再涂上动物胶和树脂胶，最后贴上金箔。

（二）古希腊家具

从地理位置来说，希腊和埃及同属地中海国家。但古希腊长期以来并不是一个统一的国家，而是实行相对松散的城邦制。其主要分布区域包括巴尔干半岛南端、爱奥尼亚群岛、克里特岛、爱琴海诸岛及小亚细亚西部沿海地带。古希腊早期文明——爱琴文明约在公元前2000年发祥于爱琴海南端的克里特岛，后来又以迈锡尼为中心。此后，斯巴达、雅典等众多城邦陆续兴起并盛极一时。由于其地处海洋环境，因此古希腊文明也被称为海洋文明，通常被认为是西方文明的源头。

从爱琴文明的创立到各城邦为罗马帝国所征服，古代希腊通常分为爱琴文明（克里特-迈锡尼文明）、荷马时代、古风时代、古典时代和希腊化时代等不同时期。古希腊在文学、哲学及艺术等领域的辉煌成就，对以后欧洲乃至世界文明的发展产生了广泛而深远的影响。

总体来说，古希腊爱琴文明时期的家具受到埃及等东方家具文化的影响，采用了高靠背、高座位等表现权势的形式。克里特岛由于地处欧、亚、非三大洲之交界，交通中枢的地理优势，促成其商业经济的发达，加之受到西亚和埃及的影响，催生了早期的克里特文明。现存的克里特文明主要集中于克诺索斯（Knossos）宫殿遗址（图3-8）。这是一个庞大而复杂的建筑群，占地面积约2.2万平方米，大小宫舍有1500多间，结构高低错落，层次多变，平面布局迂回曲折，被称为"迷宫"。房舍的第一层是巨大的方形石柱，二层到四层则是圆形

图3-8　克里特文明克诺索斯宫殿遗址

柏木柱，上粗下细。建筑物的采光、供水、排水和通风都有完备的设施，还设置有浴室、冲水厕所等卫生设备。王宫各厅舍走廊皆有华丽的壁画装饰。

在宫殿的西部中央有一个祭礼大厅，厅内陈设简单，只是沿墙摆放几条石制长凳，墙面绘满横向排列的壁画，象征国王的鹰头狮身带翅的神兽伏于百合花草丛之中。大厅正中放有一个可能专为国王准备的座椅。座椅置于石质底座上，靠背为波浪形边缘，背面依人体脊椎做成曲面状，座面按人体臀部曲线也为曲面状。两前腿间的拱门状造型及带有沟槽的雕饰，明显具有两河文明早期苏美尔建筑中的拱形特征。

约公元前1500年，克诺索斯和法伊斯托斯等地的宫殿同时遭到破坏，有人认为是由于锡拉岛附近的火山爆发。公元前1450年左右，巴尔干半岛希腊人的入侵，又使宫殿遭到人为破坏。从这时起希腊人成了克里特岛的主宰，并逐渐与当地原有居民相融合，克里特文明亦随之结束，迈锡尼文明继之而起。

迈锡尼文明繁荣于公元前15世纪至公元前12世纪，发掘出来的重要遗迹是迈锡尼卫城。王宫建于城堡内中央高处，层楼曲折、圆柱上粗下细、彩绘华丽等特征与克里特宫殿颇有几分相似，但又明显有不同之处，如按对称布局把中央大厅放在首要位置，前有门廊，方形内厅中间设壁炉，倚墙放置宝座。其总体建制及表现出来的现实主义艺术风格来自希腊本土文化。

迈锡尼的豪华墓葬多呈圆顶，发掘出的陪葬品中有很多黄金制品，如金面具、金指环、金角杯、金印章、金银镶嵌的青铜短剑等。这些金属器物除了不同的外部造型，一个共同的特点是都有雕刻或镶嵌的图形装饰，如在短剑的刀身上用黄金镶嵌出在百合花中奔跑的狮子，印章上雕出作为礼拜对象的双斧，或是祭司的祀神活动场面，也有在金指环上刻画的祀神活动的场面，从精细的画面中可看到女神捧着圣杯坐在椅子里，脚下有足台，台前置香炉。椅子是迈锡尼典型的宗教仪式用椅，高高的靠背，X形的交叉底腿，木制，象牙、黄金装饰，在一座墓葬中曾有实物出土。

由荷马时代直至希腊化时代，迈锡尼时期即有的火葬习俗越来越风行，此后的古希腊家具没有实物存留下来，但从保存下来的建筑和墓碑浮雕及瓶画上，可得到大量有关古代希腊家具的形象资料及文化信息。

例如，在雅典卫城遗留下来的主要建筑帕提农神庙东面檐下的横饰带上，雕刻了坐着的奥林比斯山诸神。古希腊"神人同形"的思想意识使艺术表现中的神都具有人的面貌和情感。因此，诸神所坐的椅子也是现实社会生活中所广泛使用的家具。座椅是旋木圆腿，造型轻巧简洁，尺度适宜，座面中心用皮条编织，设置软靠垫。

古典时代留存下来的《赫格索墓碑》浮雕，则表现了墓主人生前的真实生活情景：坐在椅子里的赫格索手持侍女递过来的小匣，好像从中挑选出一串珠宝把玩观赏着。椅子的前后腿均为向外弯曲的C形，靠背呈与人体脊椎

图3-9　古希腊《赫格索墓碑》浮雕座椅

相适应的弯曲状，高度至肩胛骨，上部背板呈向内的弧状，椅子前设有脚踏。整体特征造型简洁、比例协调、曲线富有张力（图3-9）。从画中人物形象的塑造来说，女主人容貌美丽，形体匀称，姿态优雅，手臂自然弯曲，小腿自然下垂，衣服的皱褶飘垂而舒畅。与其他众多的人物雕塑作品一样，表现了古希腊美术对人体解剖结构的精确把握，以及现实主义艺术表现形式中所包含的科学美。

根据这些形象资料复制的椅子实物，座面为皮条编织，形态轻盈，推测为古希腊家庭主妇所普遍使用的椅子，有时可能还加软坐垫，显得实用而优美（图3-10）。

从一些石雕及大理石墓碑上，还可以看到古希腊市民的生活方式：男人半卧在躺椅或床上，进行着喝酒、饮食、交谈和娱乐等活动。这是希腊古典时代有公民权的男性市民独特的生活姿势。女主妇则坐在高靠背、高座面的扶手椅子里。较典型的画面是床头部稍高，柱式腿中下部有深雕，设置较高而长的枕头，男主人在床上举杯等着佣人拿酒壶倒酒（图3-11）。

陶瓶是希腊人主要的日常器皿和对外贸易商品，古希腊造型艺术在赋予陶瓶富于变化的美丽外形之余，更以其题材广泛、技法精湛的瓶画装饰而著称于

图3-10　《赫格索墓碑》座椅复制品

图3-11　古典时代的卧榻及男性市民的生活姿势

世。陶瓶画是古希腊绘画艺术的主要载体，留存下来的陶瓶不仅是精美的艺术品，也为研究古代希腊历史文化提供了有力的证据，可谓写在瓶上的历史。早在古风时代，情节性陶瓶画的类型即已出现，并先后形成了东方式、黑绘式、红绘式和白描式等几种不同的风格。情节画的题材包括了神话、历史故事和日常生活的各种场景，其中不乏与家具的使用有关的画面（图3-12～图3-14）。

　　再如一只古风时代的陶瓶画作中，表现了雅典学校授课时的情景。那时的雅典城邦已有相当完善的教育体制，男孩在学校里学习文字、诗歌、算术、天文和地理以及绘画、乐器演奏，练习跑步、角力、拳击等体育项目，参加辩论、自由讨论和发表演说以发展雄辩术等，以在日后获得合格的公民权。女孩除担任家务以外，还在家里练习读书、吹奏乐器。学校里没有桌子，仅有凳子，学生读书写字时是将用具放在膝盖上。陶瓶画上的凳子为正方形，方腿上细下粗略有外分，腿与座面框的连接处小方形中心有圆形凸起（与图3-9相似），边框侧面呈现具有韵律美之皮条缠绕，座面是由皮条编织而成。这种结构简洁、姿态优雅、轻巧便携的方凳，应该是古希腊人在家庭和公共场所广泛使用的家具。

图3-12　古风时代陶瓶画中的X腿坐具

图3-13　古典时代红绘陶瓶画中的椅子

图3-14　古典时代红绘陶瓶画中的桌凳

还有与赫格索墓碑相同画面的古典时代的白描瓶画作品，可见这是当时比较流行的题材。与浮雕所不同的是仅用线条在白地上创造出人物立体感，足见古希腊绘画艺术达到的高度以及与雕塑艺术的融会贯通。

总之，建立在建筑、雕塑和绘画雄厚基础之上的古希腊家具艺术，充分体现了古代希腊的自由民主思想和"唯理主义"的审美观念。所用家具表现出来的宜人的尺度和形态、优美的线条、简洁的造型、对称的构图、合理的力学结构和受力状态、舒适的使用方式等，无不来源于现实生活对客观世界的认识和把握。希腊人把对形态与韵律、精密与清晰、和谐与秩序的感觉融入到一切艺术创造和实用物品之中，所表现出来的无与伦比的理性之美，直到今天仍然有着强大的艺术生命力。

古希腊艺术被以后的罗马艺术所吸收和继承，继而传达给整个欧洲乃至全世界，是一份永远闪耀着现实主义和理想主义光芒的人类文化遗产。

二、欧洲中世纪家具

公元前3世纪以后，罗马成为欧洲最强大的国家，并逐步扩张为一个横跨欧洲、亚洲、非洲而称霸于地中海的大国，直到公元4世纪末庞大的罗马帝国分裂为东西两部分，在数百年的时间里不仅吸收和传播了古希腊创造的灿烂文化，同时起源于中东的基督教也在欧洲得以广泛传播。公元476年西罗马帝国的灭亡，标志着欧洲奴隶制社会的逐渐解体，从此欧洲开始进入了它长达千年的封建中世纪。因为是欧洲文明史上发展比较缓慢的时期，中世纪也被史学家称为"黑暗时代"。

随着基督教的传播和普遍被接受，其在社会意识形态和生活方式中逐渐形成的统治地位，致使欧洲中世纪文化艺术产生了浓厚的宗教色彩。总体来说，欧洲中世纪的家具艺术是在融合了东方文化、古希腊及罗马文化、北方民族文化等多种文化源流的基础上形成的，按照不同地域或时期，主要有拜占庭家具、罗马式家具和哥特式家具等几种表现形态。

（一）拜占庭家具

罗马帝国分裂为东西两部分后，东罗马帝国以巴尔干半岛为中心，领属包括小亚细亚、叙利亚、巴勒斯坦、埃及以及美索不达米亚和南高加索的一部分，因其首都君士坦丁堡是在古希腊移民城市拜占庭旧址重建，故又称拜占庭帝国。当西罗马帝国灭亡时，拜占庭帝国依然强大如初，并且在此后一千多年的岁月里，一直是世界上最繁荣的文明之一。由于地处古代希腊文化的中心地区又包含大片的东方领土，拜占庭帝国在保持了古希腊及罗马文化传统的同时，也逐渐建立了以基督教为国教的政教合一的政体。在这样的政体之下，基督教不仅仅是作为一种宗教，更是作为一种政治力量而成为封建帝国的精神源泉，为帝王的统治带来很大的保障作用。从此，体现天神与君主统一精神的拜占庭罗马艺术，如建筑、雕塑、绘画及家具等，无不打上了沉静肃穆、威严庄重的宗教烙印。

拜占庭艺术主要从存留下来的建筑、石雕、小型浮雕如象牙雕刻、木板画和手抄本插图等资料中得以体现。除了从这些艺术形式中可看到一些家具的影像外，拜占庭家具也有少量的实物佐证。其中最具代表性的家具是一件留存下来的公元6世纪马克希曼王的宝座。宝座整体呈直线造型，仅高高的直靠背为包含三个十字架的弧线形，几乎周身雕满植物等装饰纹样，座面下的嵌板上则是圣徒们的浮雕立像，均为象牙雕刻（图3-15）。座椅形象充分地体现了王权与神权合二为一的统治阶级思想。

图3-15　拜占庭马克希曼王宝座

又如公元10世纪晚期的一个三折板（三块以合页相连）象牙浮雕，表现的是耶稣及他的门徒。图中耶稣怀抱圣书端坐在椅子里，与站立于身侧的门徒交谈着什么，脑海里还浮现着两个门徒的影像。椅子的前后腿如同罗马帝国的图拉真纪念柱，环绕柱身的浮雕带上雕饰了抽象的人物；靠背顶部的圆形面上雕饰了卷草纹样，如同建筑上的连环拱廊；半圆形靠背为植物编织而成，座面加有较厚的软垫，高高的座椅前置以高高的足台（图3-16）。这样的椅子实际上是拜占庭王座的一种翻版，可能是上层社会的礼仪用椅。

图3-16　拜占庭象牙浮雕耶稣座椅

在基督教早期，从古希腊罗马的肖像画中即发展出来一种表现基督教义的圣像画。有一幅13世纪晚期的拜占庭木板画"圣母宝座像"，圣母优雅地坐在宝座上，衣裳上布满皱褶。用建筑透视原理画成的圣母宝座，层层拱廊及个个柱头，好像一座小型的竞技场，庄严庞大。追求建筑上的体量感，是拜占庭家具乃至整个欧洲中世纪家具的基本特征之一（图3-17）。

图3-17　拜占庭式立柜和大床

总之，拜占庭家具承袭了古罗马时代的旋木技术和精细的象牙雕刻装饰，结构上主要采用了来自基督教教堂的直线形框架，只在正面和水平面有弧线或曲线，铅垂面几乎没有弯曲。加之形体较大，外观上给人以庄重肃穆的仪式感。装饰方面，雕刻多用浮雕、线雕或圆雕，很少镂雕，常常将象牙雕刻的装饰板面镶嵌在各类家具的局部，也常用金、银、青铜等金属饰件。装饰图案以象征基督教的十字架以及天使、圣徒、鸟兽、植物藤蔓、叶片、花卉及果实等的混合采用为常见。家具种类方面，包括直背椅、X腿座椅、矮脚凳、圆形或半圆形餐桌、篷盖式睡床、大橱柜、书柜及衣箱，等等。

（二）罗马式家具

罗马式家具是指公元13世纪以前流行于以西罗马帝国为基础的西欧的家具体系。公元476年，西罗马帝国在北方游牧民族部落的入侵下灭亡，随即在其原土地上相继出现许多日耳曼人、汪达尔人、法兰克人建立的国家，西欧的封建制度得以建立和发展起来。但中世纪早期的西欧国家是一个松弛的封土集合体，并没有明确的国界。公元8世纪，法兰克国王查理曼历经数十年战争，把西

图3-18　罗马式教会椅

欧大部分地区统一起来，建立了加洛林王朝，并开始形成复兴古典文化潮流，旨在恢复罗马文化传统，史称"加洛林文艺复兴"。此后的西欧中世纪家具主要表现为"罗马式"或"仿罗马式"。

公元11世纪至12世纪，随着社会宗教热情的高涨和统治阶级对人民宗教信仰的利用，西欧的教堂和修道院层出不穷，这些建筑普遍采用古罗马建筑的拱顶和梁柱相结合形式，并大量采用古希腊罗马时代的纪念碑式雕刻装饰，形成一种罗马式建筑风格。罗马式家具也主要受当时建筑形式的影响，采用了罗马式建筑中的连环拱廊形式，形成了罗马式家具风格。此外，罗马式家具在制作工艺方面的一个最为突出的特点，是普遍以旋木作为各类家具的骨架构件。由于生活的中心是教会和修道院，因此这一时期的罗马式家具所能留存下来的大部分是教堂家具，还有一小部分是封建领主的城馆家具。

在留存下来的罗马式家具实物或影像中，较为典型的如12～13世纪的罗马式教会椅（图3-18），其结构与罗马式建筑如出一辙，靠背呈空透的三个连环拱门，顶部及下面横档亦饰以连环的圆形拱门，体形高大。

在法国夏多尔大教堂的浮雕中，则有一种中世纪的扶手椅（图3-19）。其直立的前后腿与侧面粗横档及细竖档都呈旋木螺纹，座面下是连环拱廊装饰，呈现出鲜明的建筑结构和旋木构件的基本特征，造型质朴而庄重。夏多尔教堂的山墙石雕中还有一件罗马式床，整个画面表现的是圣经故事中的"基督的诞生"，床头和床挺呈连环拱廊造型，边缘雕刻几何形纹饰。

图3-19　夏多尔大教堂浮雕中的扶手椅

留存下来的罗马式家具实物还有教堂用讲台、高架式长木箱、厚实的碗柜、交叉腿的木凳、雕饰动物造型的几案等。影像资料除了建筑浮雕，也多见于《福音书》等手抄本的插图中。如12世纪中期的手抄本插图中比较典型的一幅，画面表现了一种装在椅子侧面的活动式"桌面"，这可能是欧洲最早的具有组合功能的家具（图3-20）。椅子侧面的细高拱门、直而高的靠背，以及画面上部的罗马式建筑，显示了罗马式、拜占庭和哥特式三者融合之特征，是罗马式家具和拜占庭家具相互影响、又向哥特式家具过渡的极好说明。

图3-20　中世纪手抄本插图中的桌椅

直到18～19世纪，一些欧洲乡村家具仍保留中世纪的罗马式特征，在现代的德国、英国、法国、斯堪的纳维亚等地也可见到罗马式家具遗风，所生产家具中也常有仿罗马式（图3-21、图3-22）。

（三）哥特式家具

哥特式（Gothic）最早是指公元12世纪以后流行于欧洲、主要体现在教堂上的一种建筑形式，后来又逐渐蔓延到服装、绘画、文学、音乐等艺术领域，形成风格独特的哥特式文化。哥特式家具即是在这种建筑风格影响下所形成的一种欧洲中世纪家具形态，主要流行于13～15世纪的西欧。

图3-21　罗马式独立柱圆几

哥特式教堂（图3-23）的外部造型特征大体可概括为"高、尖、直、挺"，其整体高度及窗户、门的高度都显著超出罗马式建筑。门窗采用尖形的拱顶，且建筑顶部林立细高的尖塔。平行的直线由基部延伸至顶点，整体上给人一种垂直挺拔、高耸入云、直通天国的方向感，仿佛是指引

图3-22　罗马式橱柜

图3-23 哥特式建筑之一米兰大教堂

着圣徒们对天主的仰望。哥特式独创性的结构使教堂内部形成高大的空间，细长立柱之间是高高的窗户，阳光透过窗玻璃上色彩斑斓的图画形成变幻莫测的彩色光线，使置身其中的人们产生一种仿佛进入天国的奇幻神秘感。哥特式建筑实质上是基督教在西欧分化成天主教之后的宗教思想的外在形式。

哥特式家具的主要特征与哥特式建筑一致，如尖顶、尖拱、细柱、高拱廊、垂饰罩、线雕或透雕的镶板装饰等，是哥特建筑风格在家具上的移植，也是在罗马式家具基础上的演变。

哥特式家具在结构上多采用直线箱形框架嵌板方式，嵌板上布满了精致的雕刻装饰。家具的平面多被划分成矩形单元，矩形内是火焰形窗花格纹样，或藤蔓、花叶、根茎、几何等具有天主教象征意义的图案。更具建筑特征的是以拱形门窗作平面的分

图3-24 哥特式教会椅

割，或作为线脚的装饰。

哥特式家具中最具代表性的是坐具，靠背椅或教堂座椅都有很高的靠背，有的甚至是尖塔式，突出与建筑风格息息相通的高大、威严、垂直向上的空间感和威仪性。如15世纪的法国教会椅，垂直高大的靠背上透雕火焰式四叶草和窗花格，靠背边框上雕饰以一字排列的相同图案，顶部是建筑式尖塔状圆雕；座面前檐下则保留了罗马式建筑典型的连环拱形装饰（图3-24）。

哥特式座椅与罗马式座椅的另一个不同点是，许多座椅都与箱柜结合，将座下部分做成可收藏物品的橱柜，有的还设有华盖。15世纪爱德华五世的宝座即是这种哥特式座椅的代表作，其高靠背的嵌板上浮雕火焰形和植物藤蔓、花叶、根茎等纹样，靠背下部雕饰连环火焰拱门，座下为箱式框架，嵌板同样浮雕各种纹饰，整体感觉高大而威严、华丽而精致。

哥特式家具中的箱和橱柜（图3-25）是使用较多的家具种类。箱柜除与座

图3-25 哥特式橱柜

图3-26 哥特式桌台

椅组合，还时常与床组合使用。有的箱柜还可当桌台使用（图3-26）。

　　床也以尖拱造型和火焰式纹饰最为常见：两个床头的中间及立柱顶端呈尖拱形，柱面施以平行直线；床屏上雕刻火焰式四叶草等纹饰（图3-27）。

　　从13世纪末及以后的意大利绘画中，可清晰地看到拜占庭文化及哥特式文化的影响。以乔多的一幅《圣母宝座图》（图3-28）为例：这种吸收了拜占庭神像绘画元素的"圣母宝座图"中的座椅，显示了较典型的哥特式家具风格。画中的宝座形同神龛，两侧及后背的高细柱、尖顶和尖拱，加上画面整体的尖顶布局，明显地具有哥特式建筑之特征。座基表面的模仿彩色大理石花纹装饰，则是古罗马艺术传统的体现。形体硕大的宝座将高大的圣母容纳其中，与周围圣徒们的仰望与膜拜形成了鲜明的对照。

图3-27 哥特式大床

　　哥特式家具与拜占庭家具一样，是基督宗教思想在文化艺术方面的外在表现形式之一。它们的直立高耸、庞大厚重、威严肃穆之外形，加之腾然向上的火焰纹，以及象征着圣灵、圣父和圣子三位一体的三叶草纹，代表圣经四部福音的四叶草纹，代表五使图书的五叶草纹等无所不在的图案装饰，着实体现着神的崇高和宗教神学的绝对权威。

　　或者可以说，中世纪后期兴起的哥特式文化，是基督教文化逐渐占据上风，恢复古罗马文化思潮最终被淹没在强大的社会宗教意识洪流之中的结果，同时也为后来的文艺复兴彻底打破宗教思想的桎梏埋下了伏笔。

图3-28 意大利画家乔多的《圣母宝座图》

三、文艺复兴时期的欧洲家具

图3-29　文艺复兴早期意大利家具

最早兴起于意大利城市佛罗伦萨并迅速扩展至其他城邦及西欧各国的文艺复兴，是欧洲中世纪封建主义时代和资本主义时代的分界线。这场首先发生在文学领域的思想文化运动，使加洛林文艺复兴以来生生不息的恢复古希腊罗马文化传统思潮终成正果。生产力的发展以及资本主义萌芽的出现，是文艺复兴运动产生的根本原因。新兴的资产阶级代表着时代进步的力量，他们中的一些先进的知识分子借助研究古希腊和古罗马文化艺术，通过文艺创作，宣扬以自由民主为核心的人文精神，最终打破神权的统治地位及宗教思想的束缚，从此揭开了近代欧洲历史的序幕。

文艺复兴及以后几个世纪的欧洲家具，是在资产阶级自由思想引领下近代欧洲社会生活和艺术创造的一个写照，其中以意大利和法国最具代表性。

（一）意大利近代家具

文艺复兴早期的意大利家具，力求古希腊、古罗马式样和形态的回归。直线的运用甚至多于曲线，如椅子和桌子大多为长方形和直线条（图3-29、图3-31）。狮爪形、X形、C形等腿脚均被挖掘出来用于椅子或几案，常采用樱桃木贴皮，鎏金铜饰件和皮面等（图3-30）。大多数柜类家具如箱匣、碗柜、化妆台等直接立于地面而无柜脚支撑（图3-31）。装饰上运用轻度的浮雕或金属饰条以增加表面的视觉感。另外，镶嵌拼花工艺的运用也是文艺复兴早期意大利家具突出的艺术成就之一。

意大利文艺复兴在16世纪进入鼎盛时期，此间以达·芬奇、米开朗基罗、拉斐尔等美术家在绘画、雕刻及建筑方面的杰

图3-30　文艺复兴早期意大利扶手椅

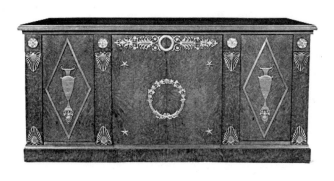

图3-31　文艺复兴早期
意大利柜橱

出成就为主要标志，工艺美术及装饰技术也得到很大的发展。家具制作上的雕刻技术尤其突出，木板拼花及绘画的运用也臻于完美，致使家具与建筑室内装饰都呈现出极其华丽的风格。此时的家具以其适宜的尺度、匀称的比例、精美的装饰及细腻的处理将古典艺术表现得淋漓尽致（图3-32、图3-33）。

文艺复兴晚期，家具设计的风格极大地受到建筑风格的影响。除了雕刻艺术的运用，也将抛光的石材镶嵌木质家具表面，或选用象牙、珍珠、贝壳或各种金属的镶嵌体现不同的品味和独到的设计风格。家具进一步向着造型规范、比例匀称，体现传统又注重实用的方向发展。此时的橱柜和案台的面板大都用大理石制成（图3-34）。

（二）法国近代家具

文艺复兴之后的法国家具，是欧洲近代家具中最具时代特征和地域特色的类型，其中尤以巴洛克和洛可可风格的家具为重要代表。

巴洛克（Baroque）艺术最早发源于意大利文艺复兴的另一个中心城市罗马，主要表现在绘画、雕刻及建筑等美术领域，随之影响到各类工艺品及

图3-32　意大利文艺
复兴式椅子

图3-33　意大利文艺
复兴式柜橱

图3-34　意大利文艺复
兴式大理石面板镜台柜

图3-35　路易十四式橱柜

图3-36　路易十四式桌案

家具的制作。巴洛克艺术最突出的特征是以浪漫主义作为形式设计的出发点，运用多变的曲面及线型，追求宏伟、生动、热情、奔放的艺术效果，彻底摒弃了中世纪造型艺术刚劲、挺拔、肃穆、呆板框架的限制。

巴洛克家具风格的形成约在17世纪早期，最先在荷兰的安特卫普出现，并于30～40年代在荷兰兴起，接着法国、英国、德国等均受到巴洛克风格的影响，其中以法国路易十四时期的家具最负盛名，堪称巴洛克家具风格的典范，因此在近代欧洲工艺美术及家具发展史中，时常把巴洛克家具风格称为"路易十四时期家具风格"，或将巴洛克家具称为"路易十四式家具"（图3-35、图3-36）。

巴洛克家具主要表现为造型上的形式突破和强调动感，注重直线和弧线的结合和线型的流动性，其次是非常重视外观和表面的装饰。装饰技法除了精致的雕刻之外，金箔贴面、描金填彩涂漆以及细腻的薄木拼花装饰亦很盛行，加之对中国漆饰、雕漆及贝雕镶嵌等艺术的借鉴，使得家具的整体感觉显得极为豪华，追求的是金碧辉煌的艺术效果。常用的装饰材料包括大理石、仿石材、织物、真皮、骨、甲、金、银、铜等。装饰图案则十分丰富，比较常见的有涡卷、盘蜗、大形叶饰旋涡、螺旋纹、纹带、C形旋涡、S形旋涡、纹章、爱神裸体像、有翅小天使、奇异的形体和头像、不规则的珍珠牡蛎壳、美人鱼、人鱼、半人半鱼海神、海马、叶翼和花环、动物的腿和脚，等等。

不过，"巴洛克"的原意是贬义的，意思是指不规则形状的珍珠，隐喻为奇形怪状、矫揉造作，是一些古典主义理论家为嘲弄这种具有奇异风格的艺术而选择的一个词语。但从历史发展的视角出发，巴洛克家具正如中国清式家具一样，也代表着一种时代的进步。这点我们从接下来的法国路易十五时期的家具中更能得以领略（图3-37、图3-38）。

模仿建筑样式来制作家具，是法国文艺复兴时期的一个明显特点，尤其是柜类家具。橱柜多采用檐板、圆柱、半壁柱、横饰带装饰，柜门面上常用浮雕手法表现寓言、神话故事等。

洛可可（Ro-coco）家具是法国建筑风格体现在家具上的一个典型。洛

图3-37　路易十五
式座椅

图3-38　路易十五式三屉柜（南美花梨木
拼花贴皮，鎏金铜饰，红白花大理石面）

图3-39　洛可可风格室内装饰

图3-40　法国洛可可式几案

可可一词是从法语"Rocaille"转变而来，原意是指花园石贝装饰物，或状似贝壳的装饰。自1699年建筑师及装饰艺术家马尔列在公寓的装饰设计中密集采用曲线形的贝壳纹样起，很快成为风靡巴黎的一种室内装饰风格，后来又在欧洲各地流行（图3-39）。洛可可风格对欧洲绘画艺术也产生了很大的影响。

　　洛可可风格的家具比之巴洛克家具更注重体现曲线特色和突出装饰效果（图3-40）。常在沙发靠背、扶手、椅腿与边框采用细致典雅的雕花，椅背的顶梁有玲珑起伏的"C"形和"S"形的涡卷纹的精巧结合，采用弧式兽爪的腿脚等（图3-41）。

　　以巴洛克和洛可可为主要风格的文艺复兴之后的法国家具，使人们从一个侧面领略到这个国度的浪漫与奢华。这些代表着文艺复兴伟大成果的近代家具，是欧洲古典风格的精髓，在世界家具的发展史上，占有举足轻重的地位。

　　总之，文艺复兴时期及以后的欧洲古典家具在打破封建中世纪造型和装

图3-41　洛可可式座椅

饰上的宗教枷锁之后，沿着平衡、节制和讲求逻辑的理性轨迹，同时闪烁着流动、活跃和求变的感性火花，保持了与建筑、雕塑和绘画艺术的同步发展，在材料、工艺、技术和审美等各方面取得了卓越成就。其表现出来的重视人性、崇尚自由的文化特征，对于后来的欧美及世界家具产生了深远的影响，为古典家具向现代家具的演变奠定了基础。

第四章
现代家具

一、由古典向现代的演变

　　18世纪后期首先从英国开始的工业革命，推动了人类发展史上的一次最深刻的社会变革。这场以蒸汽机被广泛使用为标志的革命，开创了以机器代替手工工具的时代。工业革命在19世纪从欧洲迅速蔓延到世界各地，从此使人类历史的车轮驶入了现代文明的快车道。

　　用机器代替手工劳动，无疑是一种技术和社会的进步，但随之而来的是对传统手工工艺和制作技术的冲击，家具也不可避免地在传统与现代的纠结之中，开始了它的由古典风格向适应现代机器生产方式的演进，伴随着此起彼伏的现代主义艺术思潮以及方兴未艾的艺术设计运动，经过早期功能主义、工艺美术运动、新艺术运动、装饰艺术运动、包豪斯学派等不同发展阶段，最终完成了由古典家具向现代家具的根本性转变。

（一）早期功能主义

　　进入机器生产时代，西方国家随之出现了一批从实用的功能主义（functionalism）出发，探索将新技术、新工艺和新的生产方式与社会生活紧密结合，以给人们的生活和工作带来更多便利性、经济性和合理性的工程师、设计师。在家具的设计和生产方面，以被誉为现代家具设计开路先锋和家具工业化生产先驱的奥地利家具商兼设计师米切尔·蒂奈特（Michael Thonet，1796~1871）为杰出代表。他于19世纪40年代初配合机器生产发明了现代意义上的曲木家具，以螺钉装配代替传统的榫卯结构，并采用标准化和

系列化，实现了最早的家具工业化生产。其最具代表性的作品"维也纳咖啡馆椅"（图4-1），成为现代家具史上的经典之作，至今仍畅销于欧洲及世界各地。

还有产生于美国乡村的"夏克式家具"，是由夏克教派（shaker，也称"震颤教派"）的教徒所创造。夏克教派是18世纪后半叶由英国移居美洲新大陆的一个教派分支，并在19世纪创立了他们自主自立的社区，主要是在乡村且有着自给自足的生活方式。夏克家具在造型上采用了简单而直接的形式，几乎不加任何装饰，做工精细且结构牢靠，整体和局部、局部与零件之间有良好的比例关系。用料上则就地取材，全部采用当地木材如松木、胡桃木、槭木和水果木等来制作，原本是为满足本社区之需而产生，却因其清新明快的风格而流传开来并风靡一时。夏克式家具无疑是最好的美国乡村式样，也是早期的最具现代感的家具（图4-2、图4-3）。

（二）工艺美术运动

工艺美术运动（Arts & Crafts Movement）是针对工业革命后艺术领域出现的危机和迷茫，力图通过复兴传统手工艺，以及艺术和技术的结合，来探索新的社会条件下艺术发展道路的一场设计改良运动，也是现代艺术设计史上第一次大规模的启蒙运动。

图4-1 米切尔·蒂奈特之维也纳咖啡馆椅

这场运动于19世纪后半叶兴起于英国，在1880～1890间达到巅峰，并在美国引起了强烈反响。工艺美术运动旨在抵抗一味的机器生产带来的审美丧失趋势而力图重建手工艺的价值。它不拒绝机器生产但反对缺乏美感的机械式复制，首先提出

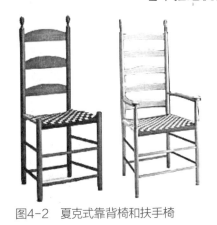

图4-2 夏克式靠背椅和扶手椅

图4-3 夏克式条桌

"艺术与技术相结合"的原则，号召艺术家从事产品设计，要求塑造出"艺术家中的工匠"或者"工匠中的艺术家"。

这一试图在机器化了的世界中保持基本美感的艺术运动，开启了现代艺术设计的历史。其主要领袖威廉·莫里斯（William Morris，1834～1896）被后人尊称为"现代艺术设计之父"。莫里斯认为"美就是价值，就是功能"，强调功能与美的统一。莫里斯在家具方面的代表作是他的"苏塞克"椅（图4-4）。

图4-4 莫里斯商行之"苏塞克"椅

工艺美术运动广泛影响了包括装饰艺术、家具、室内产品、建筑等实用美术领域，体现了"美是制作之魂"的终极理念，永远有它的现实意义。图4-5是工艺美术运动时期使用的一种软椅。

（三）新艺术运动

新艺术运动（Art Nouveau）兴起于法国，流行于19世纪末和20世纪初，一时风靡欧洲大陆。新艺术运动在1900年的法国巴黎博览会期间达到高潮，是一次影响深远的艺术设计运动，它试图打破纯艺术和实用艺术

图4-5 工艺美术运动时期软椅

之间的界限，几乎涉及所有艺术领域，包括建筑、家具、服装、平面设计、书籍插图以及雕塑和绘画，甚至对文学、音乐、戏剧及舞蹈等艺术形式也产生了相应的影响。

新艺术运动风格在各国之间有很大差异，但是在追求创新、探索和开拓新的艺术的精神上是一致的，力图寻求一种丝毫也不从属于过去的新的艺术形式。例如在装饰纹样的选择方面，抛弃传统纹样，极力主张采用自然的主题，从自然形态、植物曲线中进行提炼和概括。另外，以对流畅婀娜线条的运用、有机的外形和充满美感的女性形象为主要的造型手法，并以大量采用仿生形象为突出的特点（图4-6～图4-8）。

新艺术运动与工艺美术运动有着相同的精神实质，它们都是在机械化生产的时代背景下对传统的留恋及对美的追寻。实际上这种标榜新形式的艺术仍不

图4-6 新艺术运动风格之建筑米拉公寓（巴塞罗那）

可避免地含有欧洲中世纪和18世纪洛可可艺术的造型和装饰痕迹，同时还带有东方艺术的审美特点，也运用工业新材料。这一带有较多感性和浪漫色彩的艺术运动，折射了当时人们的怀旧情结和对新世纪的向往情绪，也是人类社会从农业文明进入工业文明过渡时期所有复杂情感的综合反映，是传统审美观念和工业化发展进程中新的审美观念之矛盾的产物。

这一时期的家具，其基本特征也要表现为以自然形态的曲线及仿生的图形为造型或装饰风格，处于古典与现代的纠缠和折中时期（图4-9~图4-12）。

（四）荷兰风格派

第一次世界大战期间，荷兰作为中立国而与卷入战争的其他国家在政治上和文化上相互隔离。在极少外来影响的情况下，一些接受了野兽主义、立体主义、未来主义等现代观念启迪的艺术家们，开始在荷兰本土努力探索前卫艺术的发展之路，且取得了卓尔不凡的独特成就，形成著名的风格派，并于1917年成立风格派组织。风格派作为一个运动，广泛涉及绘画、雕塑、设计、建筑等诸多领域，其影响是全方位的。

图4-7 新艺术运动风格之铜饰陶瓷

图4-8 新艺术运动风格之首饰制品

图4-9 新艺术运动
仿植物造型椅

图4-10 新艺术运
动仿动物造型椅

图4-11 新艺术运动
风格之梳妆台

风格派以追求艺术的抽象和简化为明显取向，主要表现为将绘画中源于立体主义的空间几何构图法应用于建筑、室内和家具设计中，即以方块为基本构图元素，以红、黄、蓝三原色为主色调，黑、白、灰色加以调节的色彩运用体系。其核心人物是吉瑞特·托马斯·里特维德（Gerrit Thomas Rietveid, 1888~1964），他在家具方面的代表作"红蓝椅"（图4-13）被誉为划时代的杰作，对后来的众多设计师产生了持久的影响（图4-14）。

图4-12 新艺术运动
风格之柜橱

图4-13 风格派家具
之代表作红蓝椅

图4-14 风格派家具
小方几

（五）包豪斯学派

1919年创立于德国魏玛的包豪斯（Bauhuas），是世界上第一所为发展设计教育而建立的高等学校，它的建立开启了现代设计教育的序幕，标志着与工业批量生产相适应的设计专门人才培养机制的形成和设计师职业的进一步确立。包豪斯因迫于德国纳粹的政治压力两度搬迁，并于1933年被永久关闭，但在短短十几年的时间里，探索和实践了现代设计教育的课程体系及人才培养模式，同时成为欧洲现代主义设计的中心，形成艺术思想及设计风格上的包豪斯学派。

如果说工艺美术运动及新艺术运动紧抱传统的衣钵不愿松开，那么包豪斯学派则彻底放弃了对传统的留恋，而乐意接受机器生产的现状和适应现代社会的需要，开始了产品的由古典风格向现代风格的真正转变。它立足于现代机器生产方式，探索艺术与技术新的统一，从而创立了机器美学模式，完善了功能主义思想，成为现代主义艺术设计的滥觞。但是，包豪斯设计的产品在适应工业化批量生产的同时，也不可避免地带来了一些显而易见的弊端，如人的个性需求遭到轻视，产品的地域文化特征变得模糊不清，机器式的呆板冷漠，等等。在家具的设计和生产方面，主要体现为采用纯线条的几何造型，追求新材料、新工艺的应用，基本不用装饰，致使很多产品给人以冰冷生硬的感觉，显得缺少生气。

包豪斯学派有典型家具设计作品的代表人物，有马歇·拉尤斯·布劳耶（Marcel Lajos Breuer，1902～1981）、路德维希·密斯·凡·德·罗（Ludwig Mies Vander Rohe，1886-1969）、勒·柯布西耶（Le Corbusier，1887～1965）等。

马歇·拉尤斯·布劳耶出生于匈牙利，就读于包豪斯学院，毕业后留校任教。其家具代表作为"瓦西里椅"（图4-15）。这一设计被认为是典型的混搭风格而著名：方块的形式来自风格派，交叉的平面构图来自立体派，暴露在外的复杂构架则来自结构主义。

路德维希·密斯·凡·德·罗，为包豪斯的第三任校长，既是建筑大师，也是造诣很深的室内和家具设计师。他于1927年提出著名的设计哲学观点"少就是多"。其家具代表作"巴塞罗那椅"（图4-16），充分地表达了这一哲学观点以及结构的理性美。

勒·柯布西耶是建筑师和艺术大师。其家具代表作"大安逸椅"（图4-17）采用镀铬钢管骨架，座部、两侧和靠背软垫子设为活动式，可互换位置，因此磨损程度均衡。

图4-15　布劳耶的瓦西里椅

图4-16　凡·德·罗的巴塞罗那椅

图4-17　柯布西耶的大安逸椅

（六）装饰艺术运动

　　装饰艺术运动（Art Deco）兴起于20世纪二三十年代的法国，因1925年在巴黎举办的装饰艺术展而得名，并随之在欧美各国掀起热潮。装饰艺术运动受到新兴的现代派美术、俄国芭蕾舞的舞台美术、汽车工业及大众文化等多方面的影响，对采用新材料、新技术的现代建筑和各种工业产品的形式美和装饰美进行新的探索，其涉及的范围包括建筑、家具、陶瓷、玻璃、纺织、服装、首饰等工艺美术的各个领域，表现出东西方艺术样式的结合、人情味与机械美的结合等时代内涵。

　　装饰艺术运动与荷兰风格派、包豪斯学派差不多同时存在，成为继新艺术运动之后的三大主流艺术。风格派和包豪斯学派以纯抽象的形式摆脱了传统的束缚，并取得了巨大的成就，装饰艺术运动更像是早期工艺美术运动的回光返照，而走向了形式化的一面。

　　与工艺美术运动一样，装饰艺术运动只是一场运动，而不是一种单纯的风

图4-18 装饰艺术运动仿路易十四式柜橱

图4-19 装饰艺术运动美式座椅

格。作为设计师与大众的群体追求，以及适应"一战"后市场的需求，装饰艺术运动产生并发展起来。虽然这场运动在各国发生的背景相似，但是所体现出来的风格却各不相同。这场运动的艺术渊源来自于多种文化、多个国度、多个时期，从某种程度上来说，它是一种多元影响下的折中形式，是对传统阵地的最后的坚守。

装饰艺术运动的范围相当广泛，从20世纪20年代色彩鲜艳的爵士图案到30年代的流线型设计式样，从简单的英国化妆品包装到美国纽约洛克菲勒中心大厦，都属于这个运动，虽然它们之间有一些共性，但表现出了更强的个性。在表现自然要素方面与新艺术运动的区别是，设计师要表现的是自然的表面装饰效果，如扇形辐射状的太阳光、齿轮或流线型线条、对称简洁的几何构图等，而不是追求它与结构的有机性。在家具方面依然强调运用传统的手工技艺，也不追求对新材料的使用，其作品被现代主义称为"精粹"（图4-18、图4-19）。

二、现代家具的基本特性

第二次世界大战结束之后，西方各国基本完成了它们的工业化进程，世界经济进入了一个快速的发展时期，现代家具随之也迎来了它的崭新时代。到20世纪50年代，以工业化国家为首的世界现代家具体系已初步形成。北欧四国的家具异军突起，从默默无闻变得誉满全球，形成现代家具的北欧学派。美国现代家具超前设计，意大利现代家具异彩纷呈，德国、日本迅速崛起。随着科学技术的进步，尤其是塑料和有机化学工业的迅速发展，形成了20世纪60年代的有机年代，70年代的技术设计风格，直至80年代的后现代主义，现代主义设计及家具形态逐渐占据压倒性地位。

现代主义设计形式及其特征主要表现在这样几个方面：一是突出的功能主义特征，强调功能作为设计的中心和目的，而不再是以形式为设计的出发点；二是形式上提倡非装饰的简单几何造型，专门的、精致的装饰被搁之脑后；三是在具体设计上重视空间的考虑，特别强调整体设计；四是重视设计对象的费用和成本，把经济问题作为一个重要因素来考虑，重视设计实施时的科学性、方便性、经济性和高效率。因此，现代主义设计可概括为"追求理性的设计"，并以出现一门新型的学科——人体工程学（早期称"工效学"）为其重要标志。

相应地，现代家具呈现出了它的与以往截然不同的一些特性。首先是实现了标准化、批量化生产；其次是大量采用新技术、新材料，家具的结构和造型发生了很多革命性变化，例如木质人造板的普遍采用使板式结构取代框式结构；再者是走向了设计的多元化、产品的多样化及消费的大众化；最后是加工制造技术的趋同化，致使产品的地域性特征进一步模糊化。

下面以当今世界上几个最主要的家具生产国家或区域为例，对现代家具形态及基本特征作一些总体性的阐述。

（一）美国现代家具

美洲新大陆自被发现以来，便成为世人所向往的一块乐土。及至"一战"后和"二战"期间，大批优秀的欧洲建筑师和设计师纷纷来到美国，无疑对美国的现代设计是一个重大的促进。包豪斯现代设计思想的火花，终于在美国自由之风的吹拂下形成了燎原之势，从此开创了美国现代家具的新纪元，并促使美国家具后来居上、进而走向世界。目前，美国是世界上家具消费、生产和进口大国，家具年产值约500亿美元，居世界第一，进口家具约100亿美元，也居世界第一位。

在美国现代家具的发展历程中，有两个产生了重要作用的社会机构，一个是克兰布鲁克艺术学院（Cranbrook Academy of Art，又称匡溪艺术学院），另一个是纽约现代艺术博物馆。克兰布鲁克学院是1932年由美国报业巨头乔治·布什和来自芬兰的建筑师伊利尔·沙里宁（Eliel Saariner，1873～1950）创办于底特律的高等艺术教育机构。该学院开创了既具有包豪斯特点又具有美国风格的新艺术设计体系，被称为美国现代工业设计的摇篮。一些最有才华的

图4-20 伊姆斯胶合板
层压椅系列之一

图4-21 伊姆斯钢
丝椅系列之一

图4-22 伊姆斯金
属柱脚椅

青年设计师如贝尔托亚、伊姆斯等都曾就读或任教于该学院。

纽约现代艺术博物馆成立于1929年，它从成立之日起就致力于宣传现代设计，收藏包括家具在内的现代设计经典作品，并举办设计竞赛和各种展览，极大地推动现代设计在美国的发展。如伊姆斯和小沙里宁共同设计的椅子系列曾获得纽约现代博物馆于1940举办的"家庭陈设中的有机设计"（Organic Design in Home Furnishings）展览大奖。

图4-23 伊姆斯胶合
板茶几

查尔斯·伊姆斯（Charles Eames，1907~1978）是"二战"前后美国涌现的一位天才设计师。他多才多艺，充满艺术创造力和设计灵感，不仅精通建筑设计和平面设计，还涉猎电影制作及摄影等，尤其在家具设计方面取得了卓越成就。他将一流的设计理念运用于材料、技术和创新的产品造型中，特别善于采用胶合板、钢丝、铝合金、玻璃纤维及塑料等新型材料，除了与小沙里宁合作设计了获得纽约现代艺术博物馆大赛头奖的系列胶合板层压椅以外，还先后设计了简单、朴素、方便适用的钢丝椅、金属柱脚椅、三维成型模压壳体椅、餐桌、储物柜等一系列造价低廉的大众化家具（图4-20~图4-23）。

伊姆斯于1946年设计的无扶手胶合板椅，椅背及座面虽仍为胡桃木胶合板压制而成的微妙曲面，但椅架采用了简捷的镀铬钢架，被美国最大的家具公司——米勒公司（Herman Miller）买断其制造权，一度几乎成为世界范围内的标准办公椅（图4-24）。1949年，伊姆斯设计了"壳体椅"（图4-25）系列，在这种更具开创性的三维造型构件中，他采用了当时刚发明出来的玻璃纤维增强塑料，引领了后来美国家具的有机时代。他在1956年设计的休闲躺椅（图4-26），配以脚凳的构思以及模制的胶合板底板加皮革垫的组合方式也十分富有创意。他设计的飞机场候机厅公用椅，简单而牢固，具有强烈的时代感，迄今仍为大多数美国机场所使用。

伊姆斯设计的家具特别是他的一系列椅子，是20世纪最深入人心的家具杰作，著名艺术家德沃拉斯（Don Wallance）曾评论说："伊姆斯将特有的材料、现代技术，亨利摩尔及阿尔普等当代一流艺术大师的造型观念凝集于家具，开拓出基于新技术的'雕塑家具'的新地平线"。

埃罗·沙里宁（Eero Saarinen，1910～1961）又称小沙里宁，其父老沙里宁即克兰布鲁克艺术学院创始人。小沙里宁1830年入耶鲁大学学习建筑，1940年与伊姆斯合作获大奖后，又完成了他的系列柱脚椅设计。他和伊姆斯等人一起，将运用各种新材料和新工艺的椅脚与坐架形成统一而完美的整体，从而使柱脚椅成为现代办公以及家居休闲座椅的主要形式之一，也使他成为20世纪最有创意的设计大师之一。他能出色地完成从大型建筑到细致精巧的家具的各种设计工作，并永远保持一种创造的思维，而这些都被他称为

图4-24　伊姆斯式办公椅　　　图4-25　伊姆斯壳体椅

图4-26　伊姆斯休闲躺椅

图4-27　小沙里宁子宫椅　　　图4-28　小沙里宁玻璃钢整体柱脚椅

"新时代的新精神"。在他的系列作品中，以1946年设计的"子宫椅"（图4-27）以及1955年设计的玻璃钢整体柱脚椅（图4-28，也称"郁金香椅"）最为经典，其中子宫椅

图4-29　贝尔托亚钻石椅　　图4-30　尼尔森椰壳椅　　图4-31　尼尔森向日葵椅

后来发展成一个坐具系列，包括造型相似的各种座椅、沙发和凳子等。

哈里·贝尔托亚（Harry Bertoia，1915~1978）是意大利裔美籍艺术家，1930年随全家移居美国。先是在克兰布鲁克学院读书，后又在美术协会办的美术学校进修，1937年得以进入老沙里宁主持的著名设计学府匡溪艺术学院学习三年。他曾与小沙里宁、伊姆斯等优秀设计师共事并合作，其设计完成的家具主要包括钢丝椅系列，其中以"钻石椅"（Diamond chair，图4-29）等为重要代表作。

其他较为经典的美国现代家具作品，有乔治·尼尔森（George Nelson，1907~1986）的"椰壳椅"（图4-30）和"向日葵椅"（图4-31），等等。

（二）北欧现代家具

地处斯堪的纳维亚半岛的北欧地区（芬兰、瑞典、挪威、丹麦），森林覆盖率高达60%~70%。得天独厚的资源优势以及较少的人口分布，造就了这一地区长期以来林业产品的支柱产业地位、悠久的家具文化传统以及人民生活的富足。世代相传的木材手工技艺与现代艺术潮流融合形成的较高审美水准，以及工匠、设计师和家具公司的紧密合作，促成了北欧家具在现代化进程中的由默默无闻到享誉世界的跨越。

由于地理位置与外界的相对隔绝，在第二次世界大战之前，北欧国家多为农业国，没有出现英国式的工业革命，向工业化转变的过程相当平缓。在这样的历史背景下，北欧家具形成了一种传统与现代完美结合、既不赶潮流也不甘落后的独特风范。当包豪斯所推崇的功能主义思想影响到北欧各国时，极端形式的功能主义并未得到深入，而是体现出了比功能主义更为柔和、更具有人文情调的特征——不冷漠也不张扬，即所谓"柔性的功能主义"。

北欧现代家具保持着多样性的文化传统，体现了对于形式和装饰的克制，对于传统的尊重，对于形式与功能一致性的追求，对于自然材料的崇尚。它将现代主义设计思想与传统文化相结合，既注重产品的实用功能，又强调设计中的人文因素，避免过于刻板和严格的几何形式，从而产生了一种富于"人情味"的现代设计美学。

在产生的为数众多的现代设计师中，成绩斐然、堪称大师者如芬兰的阿尔瓦·阿尔托（Alvar Aalto）、伊玛里·塔佩瓦拉（Iimari Tapiovaara）、约里奥·库卡波罗（Yrjo Kukkapuro）、艾洛·阿尼奥（Eero Aarnio），丹麦的穆根斯·库奇（Mogens Koch）、阿诺·雅克比松（Arne Jacobsen）、芬·居尔（Finn Juhl）、汉斯·维格纳（Hans Wegner）、布吉·穆根森（Borge Mogensen）、保尔·雅荷尔摩（Paul Kjaerholm）、维纳·潘东（Verner Panton），瑞典的布鲁诺·马松（Bruno Mathsson），等等。他们的主要代表作品也主要体现在对椅子的设计上（图4-32~图4-44）。其中维纳·潘东早期最重要的代表作是他的塑料一体椅（参见图1-62）。

图4-32　阿尔托悬挑椅系列之一（1939）

图4-33　塔佩瓦拉钢管架椅

图4-34　库卡波罗柱脚高背可调转椅

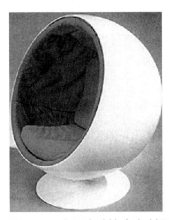

图4-35　阿尼奥球椅（玻璃钢）

图4-36　库奇折叠椅

图4-37　雅克比松三足"蚁椅"（1951）

图4-38 雅克比松蛋椅

图4-39 雅克比松天鹅椅

图4-40 维格纳中国椅系列之一（1948）

图4-41 维格纳孔雀椅（1947）

图4-42 居尔设计的椅子之一

图4-43 穆根森双人椅（1950）

图4-44 马松层压弯曲木椅

今天的北欧四国，工业高度发达，但传统手工艺与现代技术依然并存。由于地处亚寒带，一年中有一半时间处于冬季，住宅及室内用品就显得尤为重要，其现代家具依然保持传统的敦实、温暖和舒适的特点，材料也仍以实木为主（图4-45）。北欧家具之所以能一直保持向上发展的势头，在一定程度上要归功于一批热衷于精美设计和善于使用有才华的设计师的家具制造商，以及在开发新材料、新工艺方面的不懈努力。在继承自身优良传统基础上，通过吸收和借鉴各国的优秀文化，不断推出新的设计，加之良好的商业运作，以及竞争意识和积极进取的精神，促使其生产的家具在世界各地持续畅销，北欧也因此成为目前世界上家具出口最多的地区。

图4-45　北欧现代实木家具

（三）意大利现代家具

意大利现代家具是在20世纪50年代发展起来的。它是建立在大企业、小作坊、设计师密切协作的基础之上，将现代科学技术与意大利的优秀传统文化融为一体，以一流的设计和一流的质量而享誉世界，并形成了以米兰（金圆规奖）和都灵为首的世界家具设计与制造中心。每年举办的米兰国际家具博览会吸引了全球的家具企业和设计师云集，成为家具业的奥林匹克竞技大会。

古罗马文明数千年的深厚积淀，文艺复兴的辉煌成就，现代生产机制的确立和营销策略的贯彻，奠定了意大利家具在世界现代家具体系中所占有的优势地位。意大利虽是"二战"的战败国，但城市建筑并未遭受到太大的破坏，这样就使更多优秀的建筑师在战后将注意力转向工业设计领域，由此产生了强大的家具设计师阵容。此外，作为老牌的工业化国家之一，战后的意大利科技发展迅速，在木工机械、各种新材料的开发等方面处于世界领先水平。

在家具方面卓有建树的意大利前卫设计师，最重要的当数吉奥·庞蒂（Gio Ponti）、卡洛·默里诺（Carlo Mollino）、居奥·科伦波（Joe Colombo）、威可·马吉斯特里蒂（Vico Magisteretti）、艾托瑞·索特萨斯（Ettore Sottsass）及著名的"孟菲斯设计集团"等，他们的代表作品都堪称家具艺术的杰作（图4-46～图4-50），意大利现代家具可谓简约而时尚的精品（图4-51～图4-54）。

图4-46 庞蒂木质轻椅

图4-47 默里诺弯曲层压木沙发椅

图4-48 科伦波沙发椅

图4-49 马吉斯特里蒂轻质椅

图4-50 索特萨斯系列椅之一

图4-51 意大利简约式桌案

图4-52 意大利简约式长沙发

图4-53 传统旋木工艺与现代简约风格之结合

图4-54 意大利复式家具

意大利现代家具的成功经验，正是在原有家具制作和文化艺术优秀传统基础上，顺应时势，开发出了融合全部生产环节，包括研究、设计、开发、制造、市场、营销、展览、宣传、推广等于一体的现代家具工业化系统，并且特别重视产品创新，力求领导世界家具生产与消费的新潮流。"我们不跟随时尚，而是创造时尚"

是意大利家具的基本理念。因此，意大利这一欧洲小国成为了现代家具设计与制造的强国，并产生了众多国际驰名的家具品牌，近些年来家具工业年总产值近200亿美元，其中出口占一半以上，位居世界第一。

三、一个多元化的时代

20世纪70年代前后，西方发达国家开始进入后工业社会，国际上兴起了一系列新的艺术潮流，如波普艺术、欧普艺术、高技派与高情感派、后现代主义等，形形色色的设计风格和流派此起彼伏，令人目不暇接。现代主义虽然仍在发展、完善，但"形式追随功能"的信条开始受到质疑，功能主义在艺术设计界一统天下的局面被打破。后工业社会出现了不同的文化群体，每个群体都具有其特定的行为、语言、时尚和传统，有不同的消费需求和心理诉求，等等。这些因素都促进了家具的多元化出现空前发展的局面。

（一）波普风格

波普（Pop）即为流行艺术（Popular Art）的简称，又称"新富裕主义"，是在美国现代文明的影响下而产生的一种国际性艺术运动，多以社会上流行的形象或戏剧中的偶然事件作为表现内容。它代表着20世纪60年代工业设计追求形式上的异化及娱乐化的表现主义倾向，反映了"二战"后成长起来的青年一代的社会与文化价值观，以及力求表现自我、追求标新立异的心理倾向。

波普风格重视大众化的通俗趣味，反对现代主义自命不凡的清高，强调根据消费者的爱好和审美趣味进行设计，并大胆采用艳俗的色彩，追求形式上的新奇与独特。这种对"正统"的反抗，伴随着年轻一代对自由思维的热烈向往，使得波普艺术家和设计师们冲破功能主义理性的樊篱，从更大的范围，如新艺术风格、装饰艺术风格、未来主义、超现实主义中去获取创作灵感，但最终因走向形式主义的极端而很快消失。

波普风格在不同国家有不同的形式，家具方面的典型案例，如意大利波普家具体现出软雕塑的特点，并通过视觉上与别的物品的联想来强调其非功能性，如把沙发设计成嘴唇状或者做成棒球手套形等，美国雕塑家奥登伯格设计了由塑料薄膜做成的充气沙发，以及法国、芬兰的一些设计师的作品（图4-55～图4-61）。英国的波普家具以琼斯（Allen Jones）在1969年设计的一张由一个跪

图4-55 唇形沙发（意大利）及其变体

图4-56 棒球手套沙发
（意大利）

图4-57 阿尼奥香锭椅
（芬兰）

图4-58 充气沙发（美国）

图4-59 Sacco坐具
（意大利）

图4-60 鲍林椅（法国）

图4-61 穆固椅（法国）

伏的半裸女塑像背负玻璃面而成的桌子而著称，也标志着波普家具的形式主义达到了极端。

（二）欧普及高技派风格

欧普（Opt）是光学艺术（Optical Art）的简称，它是应用人在视觉上的错觉印象作为表现形式的一种艺术风格。它将一种形状作多次简单的往返重复，使之引起某种富于韵律的秩序变化，进而造成视觉上各种不同的微妙错觉。

欧普艺术兴起并盛行于美国，在家具方面主要表现在使用欧普图案进行表面装饰或细微处理（图4-62～图4-65）。其中1964年英国设计师穆多什（Peter Murdoth）设计的"用后即弃"的儿童椅，是用纸板折叠而成，表面饰以字母等重复图案，既是典型的波普风格的设计，又有浓厚的欧普情趣。

图4-62　第塞尔Trinidad椅
（丹麦）

图4-63　第塞尔Tuba椅

图4-64　阿拉德系列椅
（英国）

图4-65　穆多什纸质儿童
椅（英国）

高技派（High-Technique）则着力表现高度发达的工业技术，极力寻找新材料与新形式，以简洁的形体和工业材料的外观来表现技术美。因此，高技派风格的家具强调工业化的高品质特征，它体现的是考究的现代化材料、精细的技术结构和精致的加工手段，可称为高工业家具。如英国设计师博塔的金属架椅（图4-66），意大利马利奥波塔的钢板网椅、科伦波的以圆筒连成的休闲椅（图4-67），等等。

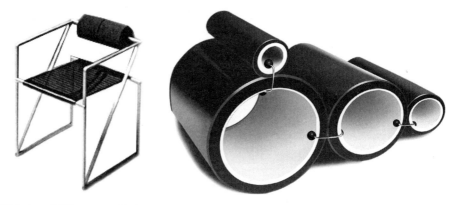

图4-66　博塔Secoda椅（英国）　　　图4-67　科伦波休闲椅（意大利）

（三）后现代主义

后现代主义（Post-Modernism）是20世纪70年代产生于欧美的一种设计潮流，其特征是注重地域传统，强调借鉴历史，主张用装饰手法来满足人们精神上和心理上的需求。在这种新设计的潮流中，出现了一些标新立异的组织，其中最有影响的是意大利的孟菲斯（Memphis）设计集团。

孟菲斯设计集团成立于1980年，由著名设计师索特萨斯（Ettore Sottsass）和七名年轻设计师组成。孟菲斯开创了一种无视一切固有模式和突破所有清规戒律的开放性设计思想，家具作品大多使用塑料和合成材料一类的廉价材料，用色多为鲜艳的明亮色调。孟菲斯十分重视装饰，把装饰看成是与结构同等重要的因素（图4-68）。这种风格在当今世界各国方兴未艾（图4-69~图4-73）。

图4-68　索特萨斯
Teodora椅（1987）

图4-69　莫里松Thinking
Man椅（英国，1987）

图4-70 迪克森Bird休
闲沙发（英国，1992）

图4-71 盖里Powerplay椅
（英国，1992）

图4-72 雅则梅田百合
花椅（日本，1993）

图4-73 拉古路夫Bone
椅（英国，1996）

　　在2010年米兰设
计周上，为了庆祝孟菲
斯设计运动诞生30周
年，英国设计师Richard
Woods以"红砖头"这
个标志性形象为基础，
设计了一系列的雕刻家
具作品（图4-74）。

图4-74 Richard Woods孟菲斯家具（2010）

　　自20世纪90年代以
来，随着信息技术的迅速普及，高新技术全面导入家具行业，更为家具业蓬勃
发展带来了前所未有的大好机遇。放眼目前的全球家具行业，多元化的特征愈
加明显，追求形式、追求个性、追求新奇特异越发成为潮流。一方面，对环境
保护的关注和对地域特色的追求成为新的时尚，文化、环境、生态和个性是更

感兴趣的设计主题；另一方面，怀旧思想在家具上有清晰的流露，带有强烈复古意识风格的家具大有流行之趋势。尤其在我国，改革开放以来渐渐出现的复古风愈刮愈烈，现代"红木家具"充斥着多数的高端市场。面对已经到来的21世纪，人们的心态是复杂的，既对美好的未来充满了憧憬和向往，也对逝去的往昔怀抱着追忆和思念。当然，这样的世纪情绪及发展趋势也是一种历史的必然，因为世间没有什么是一成不变的，求变是事物发展的永恒的内动力，人类社会也总是在螺旋式的上升中不断前进和发展。

第五章
家具艺术美

一、结构美

（一）总体结构

    家具的总体结构包含了形式美的基本法则，如对称、均衡、稳定、协调、统一、对比等。与人体的对称结构一样，几乎所有家具都采用对称结构。少数非对称结构的家具，往往亦不失统一中有变化、对比中显调和的形式美感。通过腿脚的收分和降低重心等手法，给人以均衡和稳定之感，加之虚实、主从和层次等对比手法的运用，以及恰当的尺度和比例关系，体现出家具的整体结构美。

    下面仅以中国古典家具中的四出头官帽椅和交椅，作为家具总体结构形式美的典型案例（图5-1、图5-2）。

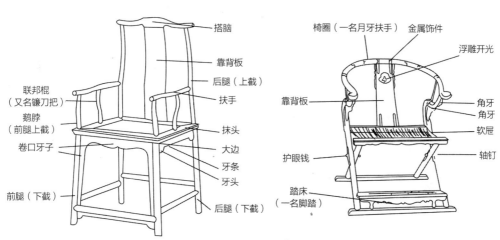

图5-1　四出头官帽椅总体结构及部件组成　　　图5-2　交椅总体结构及部件组成

（二）结构部件

家具中的一些局部或部件，除了具有形成结构或加强结构牢靠度的作用以外，同时还起到一定的装饰作用，特别是在中国古典家具中，这样的结构部件十分常见。这些结构经过不断地变化发展，构成了中国传统家具重要的艺术特性和审美特征。

图5-3　高束腰长方桌

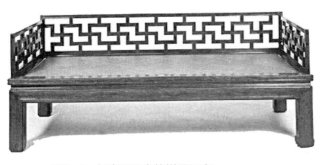

图5-4　低束腰万字纹栏罗汉床

图5-5　高束腰托泥
五足香几

图5-6　束腰托泥圈椅

1. 束腰

束腰在家具上是指面框和牙条之间缩进的部分，因状如细腰而得名。传统家具上的束腰分高束腰和低束腰两类（图5-3、图5-4）。

2. 托泥

托泥是承接腿足的部件，即家具腿足不直接着地，而是另有木框在下承托，以起到固定和保护腿足的作用，同时强调装饰效果、增加稳重之感。托泥的形状多与家具的面型相对应，有方形、长方形、圆形、多边形等。此外，还有一组腿足落于一根横木的形式，称为"桥"（如图1-33、图2-1、图2-2）。托泥的下面往往还有小足（或称"龟脚"），真正着地的是小足而不是木框（图5-5、图5-6）。

3. 罗锅枨和霸王枨

罗锅枨是桌类和椅凳类家具面下连接腿柱的横枨中的一种，因为中间高拱、两头低，形似罗锅而得名（图5-7~图5-13、图1-30~图

1-32）。

桌类枨子还有一种霸王枨，"霸王"是形容这种枨的坚实，它能增大桌面的承重能力，加强形体的牢固性。霸王枨的上端一般是托着桌面的穿带，并用销钉固定，其下端则连接于足腿上部的内侧（图5-8）。也有用于方桌的中心承力式霸王枨，是将四根枨子的上端连接于桌下中心圆盘，流线型的枨子可把桌面承受的重量均衡地传递到腿足上来，形成一种律动的美感（图5-9）。

图5-7　罗锅枨小画案

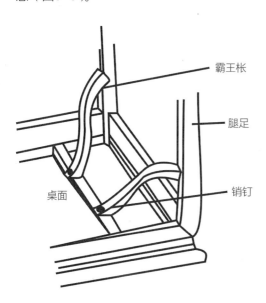

图5-8　穿带式霸王枨

图5-9　中心承力式霸王枨

4. 牙板和圈口

牙板是镶在家具竖档与横档形成的方框或角框内的部件，一面镶板称单牙板或牙条，三面镶板形成券口（图5-1），四面均镶牙板则形成圈口，角上局部装板称为角牙（图5-2）。圈口多在案腿内框、亮格柜的两侧及正面使用，形状有圆、长方、鱼肚、壶门、椭圆或海棠等（图5-10）。另外，还常以镂雕的花式构件代替牙板，以取得更高的装饰效果（图5-11）。

图5-10　圆形、鱼肚圈口及券口

图5-11 花式牙板

图5-12 罗锅枨和卡子花

5. 卡子花和矮老

卡子花和矮老是桌子、椅凳等家具上连接横枨和顶框的部件，多与罗锅枨等一起使用（图5-12）。清式家具中还将双环式卡子花演变成铜钱式，把短柱式矮老做成串珠式等（图5-13）。

6. 绦环板和挡板

绦环板是在一些家具的平面分隔中，隔扇的中部、下部或上部相邻两抹头之间的小面积隔板，多以线雕、浮雕或透雕等作或简或繁的图案装饰。简者如图5-13构成椅子靠背的上、中、下三块绦环板；复杂者如图1-53插屏中的螭纹透雕绦环板。图5-14则为单独取出的一块绦环板。

图5-13 铜钱形卡子花和串珠形矮老

图5-14 绦环板构件

绦环板的一个基本特征，往往是在板子的四边做出与四周边框距离相等的阳线，阳线以内有素面、浮雕或透雕等。有一些不具等边阳线特征、面积较大的镶板则称挡板，常用一整块木板镂雕各种花纹，或用小块木料用榫接攒成棂格，如案的两侧腿间多装饰挡板（图5-15）。

图5-15　黄花梨透雕花牙及挡板翘头案

（三）榫卯接合

结合牢靠、外形美观的各种榫卯，是传统木质家具在细部上采用的主要结构形式。零件与零件、零件与部件、部件与部件之间通过不同形状或方式的榫卯接合成一件完整的家具，不仅体现了结构方法的科学合理性，也表现了工艺手段的精妙完美性。可以这样说，榫卯结构是传统家具艺术美的核心价值所在。

榫卯接合的类型很多，根据榫（榫头）和卯（榫眼）的形态，可分为直角榫、燕尾榫和圆榫，开口榫、半闭口榫和闭口榫，单榫、双榫和多榫，单肩、双肩和多肩榫，明榫和暗榫，夹榫和楔榫，等等；根据零件性质、使用部位和作用等，有方材接合、圆材接合和板材接合，直角接合、斜角接合和综角接合，圆角和曲线接合，等等。具体使用的榫卯可谓形形色色，有些部位采用的榫卯结构复杂而精妙（图5-16～图5-18）。

桌面、椅面、床面、柜门等较大的板面构件及绦环板普遍采用的攒边结构，也是最典型的榫卯组合。它是在边框的内侧打槽、四面嵌板，边框四角以格角榫结合成为框式部件（图5-19）。

这种攒边作法构成了传统家具框式结构的基本特点，发挥了框架形式的独立主体作用，同时具有多方面的优越性：一是嵌入的心板较薄，能使薄板当厚板使用，也可配以比边框质量较差的木材（尤其是漆家具），因此可节约和充分利用材料；二是通槽留有适当余地，当心板因环境干湿变化发生缩胀时，不会出现胀裂变形或收缩透缝现象，从而避免造成家具整体结构的松动和形体的走样变形；三是隐藏了木材较粗糙的横断面，只显露光洁美观的纵剖面，充分显示出材质的自然美。

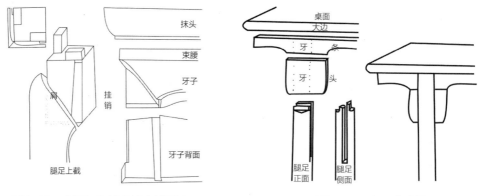

图5-16　桌子四角榫卯接合类型之一

图5-17　案用夹头榫

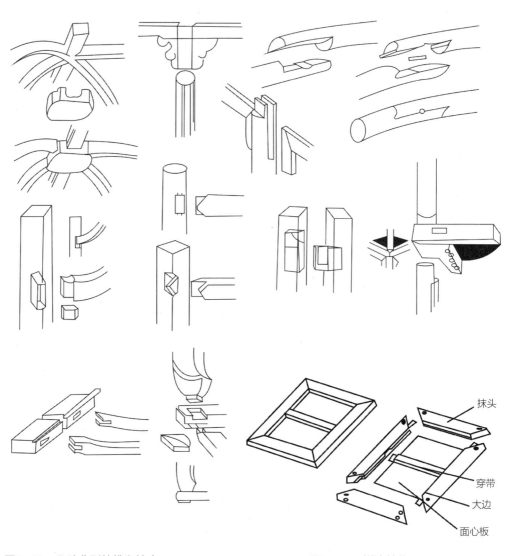

图5-18　几种典型的榫卯接合

图5-19　攒边结构

二、形态美

（一）装饰线脚

　　装饰线脚是指对家具的一些部位或构件施以某种线型，以增加局部和整体的优美感的艺术处理手法。我国传统家具常用的装饰线脚有以下一些。

1．灯草线及凹线

　　灯草线是用于小形桌案、凳子等方形腿面的圆形细线，多位于腿面的正中，常两道或三道平行贯通上下，因形似灯芯草而得名。有的是在腿面挖出一道或两道弧形凹槽（也称"打洼"），边棱一般也做出凹线（图5-20）。除了方形腿常做出各式装饰线脚之外，圆形腿有时也有采用（图5-21）。

图5-20　小条凳腿足和面沿装饰线脚　　　图5-21　平头案圆形腿足及面沿装饰线脚

2．面沿线

　　桌、案、几、凳等的面沿，也常赋予各种装饰线型，这些不同线型的面沿也称作"冰盘沿"（图5-20～图5-22）。

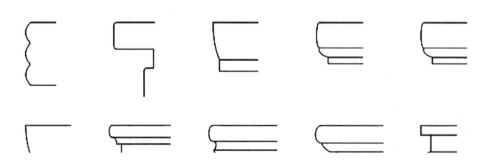

图5-22　面沿的常见线型

图5-23　周身饰以劈　　　　图5-24　弯腿外翻马蹄足小方桌　　　图5-25　象鼻腿足罗锅
料线脚的条案　　　　　　　　　　　　　　　　　　　　　　　　十字枨方凳

图5-26　瓶形足龙纹角牙半桌　　　　　　　　图5-27　竹节腿小方桌

3. 裹腿和劈料

　　裹腿和劈料装饰线脚，通常是用在无束腰的椅凳和桌案等家具上，是仿竹藤形态的艺术装饰手法。所谓劈料，是在木料表面做出两个或两个以上的圆柱形，看上去好像是拼在一起的圆木或竹节。枨子和面料与腿的结合处凸出，两面接合形成包裹状，从而产生独特的装饰效果（图5-23。另见图5-12，面沿用劈料做法，罗锅枨裹腿）。

图5-28　其他几种中式腿足

图5-29　古罗马式腿足

4. 腿足线型

　　传统家具的腿足形态也多种多样、富于美感。中国传统家具的腿足以马蹄形最为常见，大多用于有束腰的桌、几、椅、凳、床等家具上，有内翻马蹄和外翻马蹄两种基本形式。内翻马蹄有直腿也有弯腿，外翻马蹄一般用于弯腿（图5-24）。其他足饰还有象鼻足、卷草足、云头足、圆球足、瓶形足、蹼足等（图5-25～图5-28）。国外家具比较典型的有古埃及的各种动物腿足（如图3-6、图3-7），以及古罗马建筑式腿足（图5-29），等等。

（二）装饰纹样

传统家具上的装饰纹样更是丰富多彩、美不胜收。表现在家具与其他工艺品上的装饰纹样，也是最富文化特性的艺术符号，蕴含着丰富的人文意识和深厚的历史积淀，反映了不同民族思想观念和审美情趣的物化的过程。因此，通过纹样和题材来辨识古典家具的产地、鉴定所属的年代，就成为一个基本的手段。

图5-30　木雕正龙纹

中国传统家具装饰纹样的种类主要有龙纹、凤纹、云纹、几何纹、花卉纹、山水风景纹、吉祥图案纹和神话故事纹等。

1. 龙纹和凤纹

龙作为中国所独有的图腾，自远古时期产生以来便生生不息地历代传承，已使之成为中华文化的象征。龙纹在不同的历史时期有着不同的表现特征。家具上的龙纹装饰大体可分为常规龙纹和变体龙纹两类。常规龙纹是指图案较为写实的一类，特征是牙角鬃髯俱全、鳞片爪尾分明，主要有正龙（图5-30）、升龙、降龙、行龙等形式，常见的图案有双龙戏珠、云龙、龙闹灵芝、龙生九子图等的组合。变体龙纹是指龙纹各部位刻画较为抽象，形态处理也较自由，主要形式有螭龙（图5-26、图5-31）、夔龙、拐子龙等。

图5-31　绦环板透雕螭龙纹

图5-32　雕龙凤纹紫檀圆盒

龙纹的使用在帝王时代有着严格的禁忌，到明清时更是为皇宫所专用，直至辛亥革命之后，有龙纹装饰的家具才得以见诸于民间。

凤凰是我国古代传说中的神鸟，明清时以凤纹装饰的器物同样为皇宫里的后妃们所专用。凤纹也常与龙纹同用，取龙凤呈祥之意（图5-32）。

2. 云纹

云纹是传统纹样中应用最广的一类。古人以云为祥瑞之气，故云纹大多象征高升和吉祥如意，在较大面积的图案中多作为陪衬，与龙纹、蝙蝠、八宝纹等结合在一起，形式有四合云、如意云、朵云和流云等，或作为家具牙条、角牙、腿足等的线脚装饰（图5-33）。

图5-33　云纹花牙束腰带托泥三弯腿方台

图5-34 枣花万字锦纹

图5-35 回纹边凤纹绦环板局部

图5-36 花卉纹扶手椅

图5-37 圆雕松竹梅

3. 几何纹

几何纹是以圆形、弧形和方折形线条为主组成有规律的连续图案，特点是对称性强，富有韵律。最常见的有锦纹、回纹、万字纹等。锦纹通常是以多组相同的单元图案连接，或以一组图案为中心，向上下左右有规律地延伸而成（图5-34）。回纹是以一点为中心环绕形成的连续排列的图案，或用方角向外环绕而形成的图案（图5-35）。万字纹即"卍"形图案，寓意为绵长和万福万寿不断头。"卍"字四端向外条理延伸则演化成锦纹，故又称"万寿锦"（图5-4）。

4. 花卉纹

自然界的植物花卉多种多样，花卉纹的形态也就极为丰富。我国传统漆家具常彩绘各种花卉图案，也用花卉纹作为边缘装饰，或作小面积的雕刻装饰，甚至作结构部件（图5-36、图5-37）。常见的花卉纹有牡丹、荷花、松竹梅、灵芝、缠枝、西番莲等。

5. 山水风景纹

在家具较大的平面上，如屏风的扇面、柜门、柜身、箱面及桌案面等，彩绘、浮雕或镶嵌山水风景画，是中国传统家具一个独特的艺术装饰手法。所用图案多取自历代名人画稿，可谓移植在家具上的国画，别具审美意趣（图5-38、图5-39）。

图5-38 山水风景纹饰面板　图5-39 山水画挂屏

6. 吉祥图案纹

中国传统家具中的吉祥图案类纹饰，主要形成于清代中晚期，多以动物形象通过象征、谐音、比拟等取吉祥之寓意，富有生活气息，如用蝙蝠形象来寓意幸福，是将"蝠"比喻为"福"，并把蝙蝠的飞临寓意为"进福"，较典型的图案如寿字周围五只蝙蝠，寓意"五福捧寿"、"五福齐来"，其余如"麒麟送子"、"鹤鹿同春"、"双鱼吉庆"等（图5-40～图5-43）。

图5-40　五蝠捧寿图

7. 神话故事纹

我国传统家具中的神话故事纹，是由历史上广为流传的神话故事或宗教传说等内容演化而来。比较常见的如八宝纹和八仙纹、五岳真形图纹、河马负图纹及海屋添筹纹等。

八宝纹为取自佛教中的八种法器，即宝瓶、宝伞、法轮、法螺、莲花、白盖、金鱼和盘肠，八种法器被人们奉为吉祥物，故称"八宝"，用作装饰取意"八宝生辉"。八仙即道教中的八位仙人，八仙纹是将人物隐去，只取每位仙人手中所持之物，因此也称"暗八仙"，分别是吕洞宾的宝剑、韩湘子的紫箫、铁拐李的葫芦、张果老的渔鼓、何仙姑的荷花、曹国舅的玉板、汉钟离的扇子以及蓝采和的花篮。暗八仙纹饰多喻示庆寿之意。

图5-41　麒麟送子图

图5-44为现藏于北京故宫博物院的一件清代紫檀顶竖柜，顶柜门心板雕云纹地八宝纹（图5-45为其局部放大）；立柜门心板亦以云纹为地，上雕暗八仙纹饰。柜的两侧面山板雕锦结蝠磬葫芦纹，正面边框安铜錾螭纹镀金合页及面页。

图5-42　鹤鹿同春图

图5-43　双鱼吉庆图

图5-44　集八宝纹和八仙纹于一身的顶竖柜

图5-45　顶柜门心板云纹地八宝纹

五岳真形图（图5-47）是抽象出来的五岳神化符号。传说中的五岳之神分管世间万物：泰岳主掌生死贵贱，华岳主掌金银铜铁，衡岳主掌星象分野及水族鱼龙，恒岳主掌江河淮济，嵩岳主掌土地山川，等等。装饰五岳真形图的喻义，主要是驱魔避邪、居家安乐。图5-46为一款清代紫檀三扇式屏风，屏心镶板雕刻正月十五闹花灯图景，屏帽雕卷草纹，中间屏帽五个火珠上分别雕饰五岳真形图，两侧屏帽角上各雕一俯视下方的鹞鹰，与屏框和底座把角上呈逃窜状的老鼠相映成趣。

河马负图（图5-49）是一种马背上负有河图的纹饰，代表着祥瑞和腾达。图5-48为一对紫檀顶竖柜，其上下门心板是以竹席纹为地开光浮雕河马负图，柜下亮格镶透雕夔龙纹花牙，两足之间安浮雕云纹花牙。铜合页和面页，四足包铜套。

海屋添筹的构图特征，是浮现于大海中的仙山楼阁、苍松翠柏，楼阁的上面设有宝瓶，空中飞翔的仙鹤口中衔筹，欲添于宝瓶之中，犹如人间仙境（图5-50）。此类图饰源于宋代苏轼《东坡志林》中一则长寿老者的故事，意取松鹤延年，常用于祝寿的器物之上。

图5-46　饰五岳真形图纹三扇式屏风

（三）色彩表现

家具的色彩表现是构成形态美的一个重要方面。色彩表现是通过色相、纯度和明度三种自然属性的不同搭配，呈现出成千上万作用于人的视

图5-47　五岳真形图

图5-48　紫檀河马负图纹四件柜　　　图5-49　河马负图纹　　　图5-50　海屋添筹图

觉的特有形态。从本质上来说，各种颜色本身并无美与不美的区分，只是在长期的社会实践中，人们逐渐形成了对不同色彩的一些趋同性认知，从而为之赋予了不同的特性及审美内涵。例如，由火焰及红花而认知红色的热烈和鲜艳，由太阳和金子来感知橙黄的温暖与尊贵，由天空和海洋体会蓝色的辽阔和深邃，由植物树木映衬绿色的恬静与安谧，由云朵和雪花联想白色的素雅和纯洁，由夜晚感受黑色的肃穆与深沉……对于特定色彩的喜好和选择，其中既有审美主体的情感体验的成分，也包含了历史和人文等方面的因素。

　　比如，我国明清漆饰宫廷家具的主色调，明代用朱红，清代多为黑。明代宫廷家具之所以选择朱红，一是明代政权创建于南方，而南方在传统五行中属红，以致明代定都南京之后即自诩为火德；二是明代开国皇帝的本姓为"朱"。因此，一切与朝廷、衙署相关的器用物品，包括服装等一概以朱色为尚，而更高等级的御用专色，则在朱红之上鬃以代表尊贵的金彩。进入清代以后，可能受到朝廷崇尚水德而水德在五行中主黑的观念的影响，纯黑漆家具的制作数量明显多于明代，形体上也显得更为恢弘气派。

　　硬木家具则多以木材本色为尚，如紫檀的深紫或暗红，黄花梨的橙黄或褐黄，酸枝的亮红及乌木的浅黑，等等。

　　对于几乎所有装饰都不复存在的现代家具来说，色彩的选择和表达不仅是反映设计师个人偏好或风格的一个因素，更是一种满足消费者或客户不同审美眼光和个性需求的重要途径。

　　颜色通常可分为暖色调、冷色调和中性色三类。暖色调如赤橙粉黄褐紫，常给人以温暖、活泼、热烈的感觉；冷色调如蓝绿青黛，往往给人以安静、轻松和宽广等情绪体验，中性色如黑白灰，则见仁见智。冷色调到极致会给人造成忧郁和压抑的感觉，而暖色调的极致易使人情绪亢奋，应用时一般要避免极端而注重调和性与大众化。

三、工艺美

从家具的制作工艺及过程来看，应该说每一道工序都体现着设计者或使用者及工匠对美的法则的理解和贯彻，每一个细节都包含着美的创造，只是又以专门的装饰手段使家具形态更具美学特性和突出其审美功效。

（一）漆饰艺术

图5-51 红地黑绘小橱柜

图5-52 莳绘漆饰木箱

图5-53 黑漆描金漆饰屏风

漆饰工艺起初是为实用目的而出现的。古人最早将天然漆涂于木器之上时，主要是为防止其吸潮和干裂，同时增加器物表面的耐磨性和抵抗外力的影响，从而使之变得经久耐用。在利用漆膜对器物形成保护作用的同时，也渐渐重视和突出了髹漆的装饰美化作用，并在历代的发展中形成了多种多样的髹漆装饰技法，产生了经久不衰的工艺美术制品——漆器。漆家具是漆器中形体最大，也是最主要的一类。总结历代的漆饰技法，主要有如下一些。

1. 平绘、研磨彩绘和莳绘

平绘是在已上好底漆的木胎上，用调制的色漆描绘装饰图案，经晾干即可。平绘法是漆饰工艺中较直接和朴素的一种，保留了真实的描绘笔触，表面显得较为粗糙，其装饰价值主要体现在线描的功力及图案的创造方面（图5-51）。

研磨彩绘是在漆胎上彩绘装饰图案，干燥后全面罩漆，再经精细研磨显现全部图案。这种技法的特点是通过研磨可分解产生丰富的漆色层次，达到漆色变化微妙和神秘的装饰效果，同时产生光洁的表面。

莳绘技法是在漆胎上用漆描绘出图案，在漆未干时撒上金银等金属细粉或色粉，干后罩以面漆，待面漆完全干燥后再经打磨显出图案（图5-52）。

2. 描金和戗金

描金又称泥金画漆，是在漆器表面用金色描绘花纹的装饰方法，常以黑漆作地，称黑漆描金（图5-53），也有少数以朱漆为地。

图5-54　戗金漆饰立柜　　　　图5-55　康熙御制五屏式　　　　图5-56　堆漆描金山水
　　　　　　　　　　　　　　黄地填漆云龙纹宝座　　　　　　　　石板插屏

　　戗金是在推光漆或罩漆的漆面上用针或雕刀刻出线条或细点形成纹饰后，在刻痕内填金漆，或以漆作为胶粘剂，贴入金箔或粘敷金粉后轻拍，使金箔、金粉深入凹槽形成金色花纹而表现出纹路的立体感（图5-54）。戗金所用材料，金箔优于金粉，因为贴金箔能与漆面形成强烈对比，粘敷金粉形成的色泽较淡，且金箔比金粉价廉。戗金技法除了使用金以外，银也是常用材质。

3. 填漆和堆漆

　　填漆是在漆器表面阴刻出花纹，然后用不同的色漆填入花纹，干后再将表面打磨光洁的漆饰技法（图5-55）。

　　堆漆是指用漆或漆灰在器物上堆出花纹的装饰技法。堆漆的做法有多种，一种是花纹与地子颜色不同，不同层次的几种漆色互相交叠，堆成的花纹侧面显露出有规律的色层，效果与剔犀相似；另一种是用漆灰堆起花纹，然后上漆，花纹与地子为同一色，具有浮雕般的艺术效果。明清时期，堆漆还出现了在堆好的漆灰上加以雕琢和上漆的做法，叫做"隐起"或"堆起"，这比单纯的堆漆更富于艺术感染力（图5-56）。

4. 雕漆

　　雕漆是把漆料在胎上涂抹出一定厚度，再用刀在堆起的平面漆胎上雕刻花纹的技法，是漆饰工艺与雕刻艺术的结合。由于色彩的不同，雕漆又分剔红、剔黑、剔彩、剔犀等。

　　剔红即在胎骨上层层髹红漆，少则八九十层，多至一二百层，直到雕刻相应图纹所要求的厚度，待半干时描上画稿，然后再雕出花纹，也称"雕红漆"或"红雕漆"（图5-57）。剔黑即雕黑漆（图5-58）。剔彩是用多种色漆交替涂布至一定厚度然后雕刻，因此色彩丰富，而且可选择不同的色彩搭配（图5-59）。

　　剔犀一般是用红黑两种色漆，先用一种色漆在胎骨上刷若干道积成一个厚度，再换另一种颜色漆刷若干道，如此交替使两种色层达到一定厚度，然后用

第五章　家具艺术美

图5-57　剔红板面

图5-58　剔黑圆盒

图5-59　剔彩圆盒

图5-60　剔犀圆盒

图5-61　金银平脱漆饰圆盒

刀以45°角雕刻出各种图案。这种技法由于在刀口的断面显露出不同颜色的漆层，与犀牛角横断面层层环绕的肌理效果极其相似，故得名"剔犀"。剔犀与剔红、剔黑相比色彩更富有层次感，两种颜色也可有所侧重，可取得比纯色雕漆更富于变化的装饰效果。我国传统剔犀装饰以雕刻线条简练、流畅大方的云纹为主，因此又称"云雕"（图5-60）。

5. 金银平脱

金银平脱是用金银薄片裁制成各种纹样，然后用漆胶将纹样粘贴于胎面，再经数道髹漆，干后细加研磨使金银片纹饰脱露而出的装饰技法（图5-61）。

6. 其他漆饰技法

其他漆饰技法还有变涂、斑漆、一色漆等，以及结合镶嵌艺术的漆饰工艺。

变涂是以不同的工具和各种能造成不同肌理的物质材料，利用色漆稀稠、干性、透明度和凹凸平皱等的不同，以及利用金属、钿砂闪光的特点，模仿自然物象而制得各种情趣天然的纹理效果的一类装饰技法。一类工具是用绢或麻布包棉花做成球状的蘸子（所用布的纹理有粗细之别）；另一类工具是漆刷、角刮、竹刮、滚珠及刻有不同纹理的橡胶滚筒等。起料包括谷壳、豆粒、叶片、瓜缕、发团、纸屑、布片、棕丝、蛋壳等。漆料适宜使用黏稠性高、干燥快的厚漆，如使用蘸子、刷子或刮子，一般是在漆中适当拌以蛋清、明胶或细瓦灰等。有时还在形成的肌理或图案上罩以面漆，再进行细致的研磨。

另有一种变涂方法，是将稀释后的一种或几种漆液即兴地泼洒在漆板上，然后摆动画板使其流动变化，产生出自由随意的特殊效果。

斑漆也称斑纹变涂，是用几种颜色交混使用而产生斑纹，或以深浅不同的单色漆交替涂布而显示出斑纹。

一色漆即用单色漆而不加纹饰的漆饰技法。在中国漆饰历史上，一色漆法除了原始时期可能有较多采用以外，其余只有宋代曾经流行并延续至元代。现代漆饰则普遍采用单色工艺。

此外，各种漆饰技法还有交叉或混合使用的情况。

图5-62　螺钿镶嵌四扇式屏风

（二）镶嵌艺术

镶嵌工艺如果不包括金属件的安装，单就以各种材料在家具或器物表面组成纹样或图案和局部镶嵌整体饰件来说，基本无实用性而属纯艺术性装饰。镶嵌可分为两种形式，即平嵌和凸嵌。平嵌是指镶嵌物与地子表面齐平，凸嵌则是镶嵌物高于地子表面。

1. 平嵌

平嵌多以粘贴较薄装饰材料的方式形成纹样或图案，多用于漆家具。传统平嵌法的一般工艺是：先将木器上一道生漆，趁漆未干时粘贴麻布并压实，然后再上一道生漆，阴干后上两道漆灰泥子（头一道稍粗，第二道稍细），每道经打磨平整即成地子。地子再上生漆，将经磨制、裁切、刻画等处理的嵌件依图样粘贴，待干后再用细灰漆抹至与嵌件齐平，漆灰干后根据图样需要给嵌件上各种色漆两至三道，干后经打磨使嵌件表面显露出来，再上一道光漆即成完器。

漆饰平嵌也可采用较简化的工艺，如不贴麻布直接打地子胶粘饰件，然后再依次完成披灰漆、上色漆、打磨、罩光漆等。此外，也可用挖刻凹槽方式进行平嵌，一般用于硬木家具。

平嵌法以螺钿镶嵌最为常见（图5-62、图2-16），其他质地的饰件也有采用。多样材料混合使用的镶嵌，称为"百宝嵌"。

2. 凸嵌

凸嵌所采用的工艺，是在素漆家具或硬木家具上，根据纹饰需要刻出相应的凹槽，再将嵌件用漆或胶嵌入凹槽内。嵌件的表面施以适当的毛雕处理，加上凸起于器物表面的特点，装饰图案较之平嵌更加形象生动和具有很强的立体感（图5-63、图5-64）。

图5-63　黑漆凸嵌方角柜

图5-64　百宝凸嵌局部（骨）

（三）雕刻艺术

家具的雕刻装饰是更具艺术性的技法门类。按所使用的材料类型，通常可将雕刻分为木雕、竹雕、砖雕、石雕或玉雕、牙雕或骨雕、漆雕、冰雕等，除木雕和漆雕外，家具也常局部装饰竹雕、玉雕、牙雕等。按作品的形态特征，可将雕刻分为毛雕、平雕、浮雕、透雕、圆雕及综合雕等。

1. 毛雕

毛雕也称凹雕，属于最简单的雕刻。它是在平板上或饰件表面刻出粗细和深浅不同的直线或曲线而形成各种图案的雕刻装饰手法（图5-64）。

2. 平雕

平雕是在一定面积的平面或曲面上，雕出与材料表面有相同深度或高度的花纹。平雕又分阴刻和阳刻。阴刻是以凹进的部分（挖掉的部分）形成图案，阳刻则是以凸出的部分（留下的部分）形成图案。家具上以阳刻为常用，如绦环板的绦环线等（图5-35）。

3. 浮雕

浮雕是指形成图纹的部分呈高低不同的凸起，因此也称凸雕。按图纹凸起的高度，浮雕又分为低浮雕、中浮雕和高浮雕。家具上多为中低浮雕，常用于柜类等家具的面板装饰（图5-44、图5-46、图5-48）。

4. 透雕

透雕是在一定厚度的板子上，将地子部分镂空，留下的部分形成装饰图案，再对图案做适当的毛雕处理，使之呈现出一定的立体感。透雕是古典家具较为普遍使用的装饰手法，有一面做和两面做之别（图5-31）。一面做即只在正面图案上施以毛雕，不常看到的背面则不加处理；两面做即正背面均施毛雕，适合隔扇等两面可视的构件采用。

5. 圆雕

圆雕即全方位的立体雕刻，或称实体雕刻。圆雕在家具中多用于立柱、腿子和帐子等的装饰（图5-26、图5-37）。

6. 综合雕

综合雕是指将几种雕刻手法集于一身的装饰手法，多见于多扇屏风、柜子等大件家具（图5-46）。

四、材料美

（一）木材

木材是人类最早应用的材料之一，也是家具最主要的一类用材。木材属于生物性材料，具有天然、可再生和绿色环保等特性，同时具有花纹自然美观、色泽温暖、质感柔和、保温隔热、电绝缘、吸声性好等物理性质，具有强重比高、抗冲击和抗震性好、容易加工等力学特性。总体而言，木材的美，美在自然，美在温润，美在亲切，美在和谐。

木材按树种分为针叶材和阔叶材两大类。针叶材的特点是树干通直，细胞组成较单一，材质均匀，尺寸稳定性好，但硬度和强度较低。阔叶材的特点是细胞构成较复杂，材质均匀性和尺寸稳定性较低，硬度和强度较高，有丰富而美丽的花纹。阔叶材不同树种之间的差异很大，上好的家具用材或珍稀木材（优质硬木）均为阔叶材。

木材按照其加工程度或结构形态，可分为实木和人造板两大类。

1. 实木

实木是指保持了木材的天然构造特征和物理力学性能的方材或板材。

（1）木材纹理。木材纹理是指由其细胞排列所形成的方向性特征。

从微观构造来说，木材是一种由各类细胞形成的植物组织复合体，其中最主要的是呈细长形的一类厚壁细胞。这类细胞在针叶材中称"管胞"，在阔叶材中称"木纤维"，一般统称为"纤维"，它们与大部分其他细胞，如阔叶材中的导管分子、薄壁细胞等，均为纵向排列，即顺树干方向形成纹理，因此通常将树干方向称为顺纹方向，与纹理垂直的方向即为横纹方向。

大部分树种的木材通常呈现为直纹理，少数树种的木材易出现斜纹理，包括螺旋纹理、波浪纹理、交错纹理、团状纹理等。斜纹理使木材的花纹更丰富美观，但增加了材性的不稳定性，也使其力学性能有所降低。

木材中横向排列的只有射线细胞，它们以一定的宽度和高度形成射线组织，宽度上有单列、双列和多列，高度由多层细胞叠加而成（图5-65、图5-66）。阔叶材的射线组织比针叶材发达，具有宽射线的阔叶材，往往会有更为丰富的花纹。

（2）木材的花纹。木材的花纹是指在其特定的表面所呈现出来的各种图案。

木材为非均匀体，由于各种组织或构造在形态或量上的差异，如年轮（生长轮）的宽窄，年轮界线的清晰或模糊，早材（同一年轮中靠近内侧颜色较浅的木质，系在一个生长周期的早期形成）和晚材（同一年轮中靠近外侧颜色较深的木质，系在一个生长周期的后期形成）的区别，心材（树干的中心部分）和边材（树干的外缘部分）的区别，导管直径的大小，薄壁组织、射线等的发达与否，树瘤和树节的有无，各种内含物的多少，纹理的直和斜，等等，这些因素共同导致了不同树种的木材在特定的切面上产生极富变化的天然花纹。花纹、材色、气味、结构和纹理等则形成了木材的天然质感和自然美。

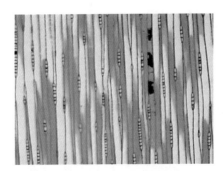

图5-65　针叶材纵向管胞及单列射线

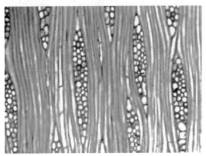

图5-66　阔叶材纵向木纤维及多列射线

图5-67　径切面　图5-68　弦切面
（板）　　　　（板）

图5-69　树瘤花纹

木材最典型的切面是横切面、径切面和弦切面。横切面即与木材纹理或树干垂直的切面；径切面是通过髓心与直径方向一致，或与木射线平行的纵切面；弦切面是平行于树干与年轮相切的纵切面。年轮在横切面上为同心圆状，在径切面上呈现为平行的带状，在弦切面上则为抛物线状（图5-67、图5-68）。弦切面更易出现丰富而美丽的花纹。实际加工中绝对的径切面或弦切面比较少，更多的板面是介于两者之间的切面。在一些木材的特定切面，还往往出现十分复杂的花纹，其中尤以有树瘤、树节等的部位更易形成复杂多变的花纹（图5-69）。

（3）优质家具用材。用于家具制作的优质木材通常具有密度大、硬度高、材色深、花纹美、材性稳定及加工适应性好等特性。很多优良树种的木材更是以其资源的稀缺而身价倍增，其中尤以我国明清家具惯用的"红木"为典型。

所谓"红木"，并非指某一特定树种，而是明清以来对稀有优质硬木的比较笼统的称谓。针对改革开放以来国内掀起的古典家具收藏热潮以及愈刮愈烈的复古风而带来的"红木家具"市场乱象，有关部门组织制定了红木的国家标准（GB/T18107-2000）。标准中将红木的范围界定为5属8类33种。5属是以树木学的属来命名，即紫檀属、黄檀属、柿树属、崖豆属及铁刀木属。8类则是以木材的商品名来命名，即紫檀木类、花梨木类、香枝木类、黑酸枝木类、红酸枝木类、乌木类、条纹乌木类和鸡翅木类（图5-70）。同时，红木是指这5属8类木料的心材。除此之外的木材所制作的家具都不能称为红木家具。

这些可归入红木范畴的优质硬木，均为热带、亚热带树种，我国海南、广东、广西、云南等地历史上虽有引种和出产，但历来主要依赖进口。在我国乡土树种中，适合家具制作的优质木材，南方主要有榉木、楠木、樟木、黄杨木、柚木、柏木等，北方主要有核桃木、榆木、栎木（橡木、柞木）、楸木、槐木等。欧洲传统优质硬木主要有胡桃木、樱桃木等。

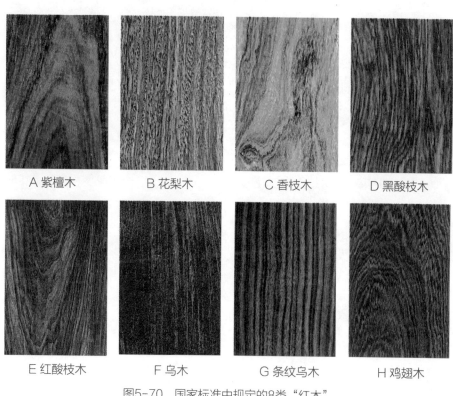

| A 紫檀木 | B 花梨木 | C 香枝木 | D 黑酸枝木 |
| E 红酸枝木 | F 乌木 | G 条纹乌木 | H 鸡翅木 |

图5-70　国家标准中规定的8类"红木"

2. 人造板

木质人造板是随着工业化而出现的一类新型材料。它们是以木材（或其他植物材料）为原料，经一定机械加工分离成各种结构单元后，再以特定的方式重新组合而成的板材或模压制品。

人造板的特点是节约木材和充分利用资源，幅面大且平整光洁，厚度范围广，材性均匀不易变形等，因此有较好的适用性。各种人造板已普遍取代实木而成为现代家具的主要用材，同时以板式结构替代了传统家具的框式结构。常见的人造板有细木工板、胶合板、刨花板和纤维板等。

（1）细木工板。细木工板是用较窄的木板条拼成芯板，两面胶贴旋切单板而成的一类实心板材，具有实木和胶合板的共同特性。

细木工板的板芯可有两种拼接形式，一种是木条之间不用胶拼接，另一种是芯板条用胶拼接成一个整体。第一种板的尺寸和形状稳定性更高，但强度略低，适宜用于承重小的部件。

（2）胶合板。胶合板是将圆木软化后旋切成单板，单板经干燥、裁剪、施胶等，再以相邻层木纹互相垂直方式组坯热压或冷压而成的一类板材，其表板和芯板一般是对称配置在中心层的两侧，即结构上遵循对称原则，因此一般为奇数层。最常见的是三合板和五合板。

旋切单板为标准的弦切面，用于面板的单板一般选择优质树种，因此胶合板常具有美丽的花纹。

胶合板可分为普通胶合板、特种胶合板、复合胶合板，室外用胶合板、室内用胶合板，平面胶合板、成型胶合板，等等。其中最常见的为普通平面胶合板，常见的幅面为1220mm×2440mm。

（3）刨花板。刨花板是以施加胶粘剂的刨花或木质碎料组坯压制而成的一类板材。所使用的刨花或碎料往往有较大的变异性，其中以使用粗细不一的碎料为多，因此也称碎料板。按刨花形态，可分为单层结构刨花板、三层结构刨花板、渐变结构刨花板；按组坯方式，可分为定向刨花板、大片刨花板、模压刨花板等。

刨花板是人造板中质量及适用性较差的一类，其不足之处如胶粘剂用量较大、强度低，握钉力差、表面粗糙、边缘部分易吸湿和脱落、使用寿命短等。经过适当的饰面和封边处理，刨花板的适用性可大为提高。常见的表面装饰如浸渍纸贴面、装饰层压板贴面、聚氯乙烯贴面、单板或薄木贴面、表面印刷等（图5-71）。

（4）纤维板。纤维板是由相互交织的木质化植物纤维或其他植物纤维，依其自身的结合力或施以胶粘剂，彼此牢固结合而成的一类板材。纤维板的结构单元小至单体纤维细胞，或数个细胞组成的纤维束，是结构最细的人造板材。纤维的重组方向是随机的，因此也消除了天然木材的各向异性。

图5-71　装饰板贴面刨花板

纤维板按其密度可分为硬质纤维板、中密
度纤维板和软质纤维板。硬质纤维板是早期
以湿法成型工艺生产的一种纤维板，特点是不
加胶，厚度小，密度高，强度低，外观差（板
面为一面光，另一面因压板时为便于排水下垫
金属丝网形成毛面），常用作柜类家具的背板
或隔板，后来被中密度纤维板所取代。中密

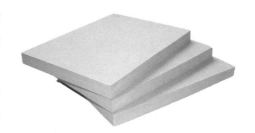

图5-72　中密度纤维板

度纤维板是以干法成型工艺生产的一种优质纤维板，即纤维分离后先经脱水干
燥，干纤维施胶后铺装板坯，由于热压成型过程中无须排水，可按需要生产厚
度较大的板材，且具有较高的强度，机械加工性能接近天然实木，如握钉力高，
可做雕刻及进行榫卯接合等，是目前家具制造中使用最为普遍的一种人造板材
（图5-72）。

为提高美观性，中密度纤维板也常进行与刨花板相似的饰面处理。

（二）竹藤

1. 竹材

竹在我国传统文化中是高洁品格的象征，与松、梅并称为"岁寒三友"。竹
材分布广，生长快，并以其天然、清凉、亲和等属性，以及被赋予的高风亮节
等人文内涵而深受人们的喜爱，自古以来即为重要的建筑及家具用材。

传统竹家具通常是以粗细适宜的竹竿作框架，以细竹竿或竹篾编织作
为家具的面材。现代竹家具除保持传统制法外，多采用将竹材劈成一定宽
度和长度的竹条，再经铣削和磨削达到等厚或等宽后胶合为集成材（板材
或方材）的方法来制作"实竹"家具（图5-73、图5-74），成为一种有
效的以竹代木的竹材利用方式。此外也采用竹材和木材复合的方式形成板
方材。

图5-73　竹材集成材

图5-74　用竹材集成材制成的桌凳

2. 藤材

藤材作为另一类天然材料，盛产于热带和亚热带，我国广东、广西、云南等地有分布。其特点为实心体，成蔓杆状，有不甚明显的节，表皮光滑，质地坚韧，富于弹性，便于弯曲，易于割裂，可进行各种花式编结。藤材不但可单独使用，也可与木材、竹材、金属等配合使用，制成独具特色的藤编家具（图5-75）。

此外，现代编织家具中，一种超高分子量聚乙烯塑料条（PE藤条）的使用已较普遍。所用塑料条具有较高的强度、韧性、良好的清凉感，以及均匀的规格、可人的色彩等设计特点，所编家具富有现代材料之美感（图5-76）。

图5-75　藤编吊篮

图5-76　塑料条编织家具

（三）金属

用于家具的金属材料可分为两大类，一类是做结构配件或连接件，统称为家具五金；另一类是结构材料，现代家具多以钢铁、铝合金、镀铬钢管等构成家具的框架，还有少量全金属材料的家具，如以铸铁铸造而成的园林椅等。

传统家具上的金属配件，如合页、面页、面条、吊牌、提环、把手、拍子、扭头、包角和脚套等，多为铜或铜合金材料，也有金、银等贵金属，由于具有很强的装饰点缀作用，常被称为金属饰件（图5-77）。

金属材料带给人们的美感，主要在于金银铜等饰件以它们的光泽所产生的高贵质感，材质与造型、色彩上的相得益彰，以及所有金属材料所形成的坚定、稳固和刚性的力量之美。此外，现代铁艺家具极富创作上的形式美（图5-78）。

（四）塑料

塑料以其质轻及良好的隔声、隔热、绝缘、防腐和防蛀性，优良的塑性及易加工性，色彩丰富和成本低廉等特性，自20世纪五六十年代以来得到了广泛开发和普

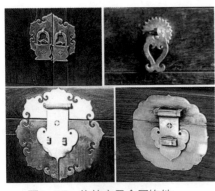
图5-77　传统家具金属饰件　　　　　　图5-78　现代铁艺家具

遍应用。用于家具制作的塑料，包括玻璃纤维强化塑料（GFRP，玻璃钢）、ABS树脂（丙烯腈-丁二烯-苯乙烯共聚物）、有机玻璃（聚甲基丙烯酸甲酯，PMMA，亚克力）、聚苯乙烯（PS）等具有优良机械强度的工程塑料，以及聚氯乙烯（PVC）、聚氨基甲酸酯泡棉（PU）等适合做面材或衬垫材料的软体塑料。

玻璃钢家具适合模塑手糊成型，ABS树脂、聚苯乙烯树脂和有机玻璃可通过注模、挤压或真空模塑成型家具部件或整体家具。也可使用ABS、亚克力板材以加热折弯方法加工整体家具或部件。

聚氯乙烯除了作充气家具的面层以外，其薄膜还可经印制木纹或图案，作为刨花板和中密度纤维板的饰面材料。

塑料很容易着色，且色感鲜艳，可配制多种色彩的系列家具，还可通过模刻、模压、热转印、烫印等方法进行多样化的装饰处理。虽然没有高贵的质感，但塑料家具以其特有的鲜活、柔和、轻便和平易的亲切感而为大众所喜爱，尤其适合用以制作儿童家具，其次是会场座椅。

（五）其他材料

其他用于家具制作的材料有石材、玻璃、纤维制品和皮革等。

用于家具的石材主要是花岗石和大理石，具有美观的纹理及花纹，多作桌案等家具的面料，或者作局部的镶嵌装饰。

玻璃材料的种类很多，按其性能特点有普通玻璃、变色玻璃、防火玻璃、吸热玻璃、热反射玻璃、防辐射玻璃、导电玻璃、调光玻璃、钢化玻璃、安全玻璃、装饰玻璃等。玻璃家具以采用普通玻璃和钢化玻璃为主。钢化玻璃是普通玻璃经淬火处理而制得，其强度明显提高而不易破碎，破碎时呈颗粒状，不会形成锐角，因此也属于安全玻璃的范畴。玻璃材料主要以其透光性给人一种晶莹剔透的纯净和深邃感。

纤维制品即以天然纤维或化学纤维制成的各种织物，用于家具面层的包裹材料。天然纤维有植物纤维（棉、麻等）和动物纤维（毛和丝），化学纤维又分人造纤维和合成纤维。人造纤维是以天然高分子化合物（如纤维素）为原料制成的化学纤维，主要有粘胶纤维、硝酸酯纤维、醋酯纤维和人造蛋白纤维等；合成纤维是以人工合成的高分子化合物为原料制成的纤维，如聚酯纤维（涤纶）、聚酰胺纤维（尼龙）、聚丙烯腈纤维（腈纶）等。织物或布料以纺织工艺的多样性，色彩和图案的丰富性，以及与人体的亲和性而具有特殊的材质美感。

皮革与织物一样，常作为家具的面层材料，包括天然皮革（真皮）和仿制塑料制品（人造革）。真皮品质高，其内在质量和外观一方面取决于生皮的种类，另一方面取决于制革（鞣革）的工艺。人造革通常以织物为底基，在其上涂布或贴覆一层树脂混合物，然后加热使之塑化，并经滚压压平或压花而制成，其内在品质远不如真皮，但在外观上往往可取得类似于天然皮革的效果。

第六章
家具与生活

一、家具与房屋建筑

　　家具和房屋建筑作为人类生活的基础性设施，它们对生活的保障作用及二者的相辅相成关系显而易见。若要探究两者哪一个更为重要，则答案应该是前者。从历史发展及现代视角来看，无论是以形体的大小、工期的长短、结构的复杂程度、造价的高低悬殊，抑或存在的先后顺序而论，建筑都占据着它的主体地位。家具似乎是房屋建筑的附属品，普遍的情形是先盖好房屋，再考虑家具配置。建筑是外壳，家具是填充物。然而从二者的依存关系来说，并非唇齿相依、缺一不可。家具可离开房屋而独立存在，如设在公园、街边或庭院中的椅子、桌凳，甚至我们可以在露天支起一张有帐子的床而酣然入眠。但没有家具的建筑就会成为一个空壳，也便失却了它应有的使用功能和庇护作用。换言之，家具可不依赖于房屋建筑，但房屋建筑却不能没有家具。

　　从家具和房屋建筑的起源来分析，正如本书开头所述，即使不以席的出现算起而以床榻的使用作为家具的源头，家具的起源可能也要在房屋建筑之前。人类祖先在生活于洞穴里时就学会使用石器砍伐树木和制造床榻是不难理解的，因为原始人类进行物质创造的过程总是遵循着需求优先和由简单而复杂的基本规律，而睡眠实在是与进食同等重要的生存需要，为避免地面的潮湿和寒冷，仅以草席铺地是不够的。而搭建一个与地面隔开的简易木床，或者做一个用于烧烤食物的木架，要比建造一座房屋容易得多。或者说，最早的木质榫卯结构可能是用于床榻、木架，甚至几案、箱匣等器具，而不是房屋建筑。不过，究竟是家具派生了房屋还是房屋派生了家具也许无关紧要，远非一个先有蛋还是先有鸡的哲学命题，但自从我们的祖先学会了建造房屋，人类便告别了以狩猎为生的洞穴时代而开始了以农耕为主的定居生活。

当然，从狩猎到农业、从洞穴到房屋是一个缓慢的、渐进的过程。原始人类在不断追逐动物的狩猎活动中，对身边的环境更加熟悉。在动物的不断灭绝和狩猎变得越来越困难的时候，人们便对土地上的自然资源产生了浓厚的兴趣，植物种子随即越来越多地成为食物的来源，人们也渐渐地从对谷物和其他植物在春天自发生长的认识中学会了作物的耕种。在狩猎的过程中，人们也逐渐掌握了某些动物可用饲料加以喂养和人为驯化的习性，于是这些动物便变为了家禽家畜，农业定居地和房屋便由此而诞生。只是，最初的定居地多建在临近河流和森林的地方，且具暂时性，为了御寒，冬天人们又回到洞穴里。

人类最早建造房屋的唯一参照物，就是已经居住了很久的天然洞穴。洞穴的基本形状大体上是半圆的，于是房屋就设计成圆形的。例如，在土耳其和伊朗边界的扎格罗斯山脉的丘陵地带等原始村落中（约公元前9000年），其房屋有着椭圆形或圆形的基石；在约旦的艾南原始定居地，所有的房屋都是圆形的，且直径超过7米，围绕着一个中心区域排列。

中国古代最早的房屋，是神话传说中的有巢氏教民所构筑之"巢"，其形状和结构无据可考，实际上是先民们离开天然洞穴开始有了房屋居住的象征。不过，我们的祖先最早居住的房屋如果不是受了鸟类启发而用树枝、藤条等筑于高大树木上可免遭野兽侵扰的巢，无非也是使用石头、泥土、树干或竹竿、芦苇、茅草、席子等材料构建起来的低矮而简单的房屋，或者是依靠天然黄土崖开挖出来的土窑洞。例如在新石器遗址西安半坡村仰韶文化村寨，发现的原始房屋是半地下式和地面式的，形状有圆形也有方形，居住区四周是较小的房屋住所，中央有长方形大屋，可能是供氏族成员们集体活动的场所。居住区的外围挖有壕沟，以防野兽侵害。在浙江余姚河姆渡文化遗址则发现有榫卯结构木架房屋遗迹。及至后来发明了制陶技术并学会用泥土烧制建筑陶材，从此便开始了以砖瓦为基本材料的土木结构房屋建筑的历史。

随着生产力的发展和社会文化的进步而不断完善起来的房屋建筑，代表了人类有史以来最直接、最雄伟、最有实用价值的形式美创造，建筑物成为集美术之大成的最重要载体。但能够保留至今的古代建筑或遗迹，无一例外地是以坚固的石材作为主体结构或房屋的基础，著名的如埃及金字塔和神殿，雅典卫城，古罗马斗兽场等，也包括上述土耳其、伊朗和约旦等境内发现的原始村落。大量保存完好的中古建筑及近代建筑更是以其绚丽多姿丰富着人类的艺术宝库。

自古以来，房屋建筑和家具也是不同社会阶层的人们所拥有的财富和地位的主要象征。国王、皇帝住宫殿（如埃及的国王"法老"即有"住大房子的人"之含意），王公、大臣居府第，社会名流建高宅，富商巨贾修大院。即使是普通民居，其规模和形制也有着极大的差异，例如，代表了"晋商文化"数百年辉煌的晋中诸大院，无论是具有"中国民间故宫"美誉、形制和保留最为完整的王家大院，还是建筑规模首屈一指的常家庄园（图6-1），以及别具特色的乔家大院（图6-2）、曹家大院、渠家大院等，其在本质上都属于民居的范畴。较为遗憾的是这些大院中原有的家具，大多随着其主人的迁徙他乡或者家道的衰败而流离失所，虽然在陆续开放后从民间收集了一些古旧家具充斥其中，但在数量和形制上都不可与其昔日鼎盛时的原貌相提并论。

图6-1　晋商大院榆次常家庄园局部

图6-2　乔家大院之一角

　　自从有了建造房屋的创造活动，家具便隶属于建筑，或作为建筑的一个组成部分而与之密不可分，二者在材料、工艺、结构和艺术风格等各方面有着千丝万缕的联系，往往有异曲同工之妙。如广泛设置于建筑墙体中的壁橱，以及迄今在一些乡村住宅仍然被沿用的土炕，是二者紧密结合的最好范例。有时候，我们不妨把一座建筑看成是一件巨大的家具，或者将一件家具视为一座精巧的建筑。例如，我国北魏时有房屋式的石棺，而明清家具中的拔步床和一些架子床基本上就是一座独立的小房屋（图1-7、图1-8），有的还在床的顶部以木雕装饰模仿琉璃瓦的屋檐。更多的时候，不同地域和不同时期的家具所表现的形态特征，差不多就是当时当地建筑风格的移植或翻版，如我国唐代床榻的壶门形结构即来自佛教建筑中的须弥座，古罗马家具的连环拱形装饰檐板、扶壁柱、台座等完全借鉴于它的建筑，哥特式家具的结构形态则与哥特式建筑如出一辙（图3-23～图3-28）。建筑风格不仅影响着家具风格，甚至决定了家具风格。

在所有建筑中，木建筑因同样源起于木而与家具有着更直接的联系。特别是我国古代，几千年来一直利用远比石头脆弱的木头来构建和支撑着自己的家园，体现了中华文化以柔克刚、刚柔相济的辩证思想（老子：天下之至柔，驰骋天下之至坚）。在认为是构成世间万物的"五行"中没有"石"，可能是认识到石头终将会变成土而不能脱离"土"的本质，"木"则放在旭日照耀的东方位置而被认为是生命之源。于是我们的祖先便生活在树林旁边，"伐木丁丁，构木为巢"，居于木屋，寝于木床，食于木案，终其一生，以木为伴，而石材一般只作房屋的基础，也便少有石材建筑特别是石柱式建筑留传于世。

以木材作为房屋建筑的主体结构，除了因木材具有质轻、易于加工和足够的承载力等优越性以外，一个突出的优势是木质结构有较高的抗冲击性和抗震性。中国传统木建筑框架结构看似简单，四根柱子竖起加上盖顶便是一座建筑的基本形式。柱是主要的承重构件，墙体只起到围护作用，在受到震动或冲击时往往是"墙倒屋不塌"。亭式建筑更是连墙体也省却了。此外，只要保持良好的通风条件，或者有好的防潮和消防措施，木建筑可持续的时间也会很久，可与比萨斜塔和埃菲尔铁塔相提并论的山西应县木塔已历经近千年的风霜而巍然屹立。如果不是毁于战火，秦始皇的阿房宫或许能保留至今而足以与雅典卫城的帕提农神庙相媲美。我国现代建筑学科术语中常以"土木工程"来代表建筑工程，便是木材在建筑中不可或缺的传统观念的体现。

木建筑与木家具在框架结构、细部造型及装饰手法等方面都有相同或相通之处，体现了建筑是表、家具为里，二者表里如一的和谐之美。木家具在结构上宛如缩小了的木建筑，家具的腿，宛若房屋的柱，腿间的横枨，就像木建筑的梁和枋，相同或相似的各种榫卯连接，更是二者精髓之所在。巨大木建筑中的柱、梁、枋、檩、椽等可以不用一钉而依靠精妙的榫卯嵌接而构建，木家具特别是传统木家具更是以严密的榫卯连接将所有构件结合成一个完美的整体。木建筑在立面上常呈现的下大上小的侧脚（立柱不完全与地面垂直而是略向中心倾斜，在塔式木结构中更为明显）形态，在椅凳、桌案、柜橱等家具的腿中也普遍采用，比如坐面较窄的条凳（图5-20），其左右两组之四腿在侧面及正面自上而下适当外倾（或称"收分"，即上收下分），从而大大地增加了它的稳定性。立柱的侧脚或腿子的收分在带来稳定性或稳定感的同时，还可增加榫卯接合的紧密性和牢固性。木建筑中梁与立柱相交之处使用的托座雀替（也叫替木），与木家具中用于横竖材丁字形交接处的角牙（也叫牙子或替木牙子），无论形态还是作用都十分相似，且两者都是装饰表现的重要部件。栩栩如生的木雕装饰在传统木建筑及木家具中则随处可见。再如木建筑中具有避湿与承重功能的台基，与常用于柜类家具中的脚架结构类似。此外，木结构房屋的墙为非承重体，只起围护或分隔作用，所以也不妨将室内的屏风视作可移动的墙体。

木建筑与木家具在工艺技术上也有着异曲同工之妙，凡木家具采用的工艺都可用于木建筑。例如木建筑中最重要的构件柱和梁，在高大完整树干不足以用的时候，木工匠师们便采用制作家具时常常进行小块拼接的办法组合成大柱或大梁（北京故宫太和殿内直径1.5米的金龙柱即使用小块木材拼接外加铁箍紧固而成）。再如现代家具普遍采用的金属件连接，同样广泛运用于现代轻型木构架房屋中。

另外，在设计建筑的尺寸时往往要以室内家具的尺寸和使用为基本参考依据。我国早在《周礼·考工记》中便有"室中度以几，堂上度以筵，宫中度以寻，野度以步，涂度以轨"等记述，并有较详尽的房屋形制及各色物品用具的具体的尺寸规定。重视房屋建筑与家具的协调性和统一性，将两者结合起来进行整体的考虑，是现代建筑设计的一个重要的发展方向。

二、家具与室内陈设

（一）中国传统家居文化

自从有了房屋住宅，人类的休养生息便逐渐地有了一个完整意义上的庇护和保障，同时也开始形成以家庭为基本单元的更加严密的社会组织形态，从此脱离蒙昧状态而加快了文明开化的进程，揭开了家居文化发展的历史。

房屋和家具无疑是构成人们肉体和精神都能得到庇护和休养的"家"的先决条件，是家居文化的主要载体。不同民族、不同地域在长期的生活积累和社会发展中所形成的不同形式的房屋建筑及居室环境，是构成民族文化和地域文化的重要特征。

在中国古代延续很久的席地而坐时期，家具的种类主要限于低矮的床榻、屏风、几案及箱、笥等，室内陈设呈现为较单一的形式，主要特点是以床榻为中心，床后及侧面设置屏风，地面多铺以筵席，几案则置于床上、榻前或地面席上，盛放衣服及被子等的箱筒置于墙侧或屏风的后面。此时的家具不仅数量较少，且形体及占据的室内空间很小，除了床的布置相对固定之外，其他如坐榻、几案、屏风等的使用都比较灵活，可根据生活及社交需要随用随置，居室之内不可能出现功能性的区域划分。在高型坐具出现并过渡到垂足高坐之后，不仅家具的形体变得高大，种类和数量也明显增加，家具在室内的摆放位置便更多地固定下来，并开始在室内形成供人们日常起居生活及会客的独立区域，以及就寝和进餐等不同的功能性区域划分，家具在室内陈设中的功能和作用更加凸显出来。

家具由矮型演变到高型，也促使房屋建筑的形式及居室环境发生很大的变化，如室内高度的增加、厅堂的出现等。总体来说，不同地域和民族的传统家居，是基于对天地自然与人的关系基本认识形成的思想观念和当地自然、地理、气候、资源等环境条件，以及社会经济发展进步等因素的综合产物，经过长期的实践过程形成了相对稳定的形式特征，如北方的四合院和热炕，南方的街巷及弄堂，黄土高坡的窑洞，江南水乡的石坊，土家族、苗族等西南民族的吊脚楼，傣族的竹楼，蒙古族的帐篷，等等。但在现代工业化住宅和城市化进程的影响下，不仅城市中的传统民居逐渐被高层楼房所取代，乡村里的传统民居近些年也发生着很大的变化，有些变化是合理的，有些则是盲目或"赶时髦"的，例如一些冬季取暖还没有相应保障措施的寒冷地区，放弃土炕而代之以木床或铁架床的年轻一代，其越冬的保暖舒适性远不如依然安居热炕的年长者。

从家居文化的核心价值来说，中国传统家居在人与自然相和谐的"天人合一"思想引领下，形成了崇尚自然的突出特点，尤其重视房屋建筑及居室环境的"藏风聚气"。在住宅的选址上特别讲求依山傍水、山环水抱，因势利导、错落有致；在室内家具的布置或摆放以及整体陈设形成居室的特定环境方面，则力求营造出一种与居于其中的人的身心相谐相随、顺风顺气、敛财纳福的祥瑞氛围，即从阴阳平衡、避凶趋吉的基本理念出发，整体考虑住宅的内外环境都能满足人们在心理感受上的舒适和畅达，实现人与天地之气的顺应与和谐。这种可追溯到古老而玄妙的《周易》、颇具东方文化神秘性的"风水"观念，有时难免被辩证唯物主义哲学视为具有浓郁迷信色彩的唯心主义思想，实际上是蕴含着它精深和合理的内涵。在当前各种文化思潮兼容并蓄及国内家居业中的复古风愈刮愈烈的时代背景下，建筑与室内布置中的"风水学"也出现了渐热的趋势。

（二）家具在室内陈设中的作用

室内陈设一般可分为功能性陈设和装饰性陈设。功能性陈设指具有实用价值并兼有观赏性的物品的陈设，如家具、织物、灯具、日常用品等。装饰性陈设指以观赏或以体现审美价值为主的物品的陈设，如字画、工艺品、纪念品、雕塑、植物花卉等。家具作为人们生活和工作的大件用品，不仅可满足生活的需要，同时可体现较高的审美价值（尤其是古典家具），在室内陈设艺术中担当着主要角色，对居室的整体环境和陈设效果起着决定性的作用。

首先，家具的陈设或布置具有划分空间的作用。所谓空间，就是由室内界面（地面、墙面、顶棚等）所限定的视觉上的范围。人们生活的环境空间总体可以分为室外空间与室内空间，室内空间还可分为固定空间与可变空间、开放式空间与封闭式空间、动态空间与静态空间等。在建筑完成后，有时提供给人们的只是一个大的空间，为了实现室内环境的功能和提高室内空间的灵活性，常常要对这个大的空间进行二次划分，比如划分为休息空间、会客空间、学习和工作空间等。通过家具对空间的分隔作用，可达到室内空间的虚实对比效果，使居室在适应功能的前提下，更富有空间感，并形成一定格局的居室环境。

其次，室内家具的陈设具有组织空间的作用。家具把室内空间划分为若干个相对独立的部分后，又通过一定的布局来组织人的活动路线，用家具来引导、标识、暗示空间的过渡与转换等。例如，客厅里沙发的布置，可根据客厅面积的大小选择不同的组合形式，可以是靠侧墙的一字形，靠一角的"L"形，四周留有过道的环形或三面环形，加上与其他家具相对布局，实现对整个客厅空间的组织，并以留下的空地或走道导向或连接其他空间如卫生间、卧室、厨房、阳台等。

再者是家具对室内空间的充实作用。室内环境是拥挤闭塞还是舒展宽敞，是统一协调还是杂乱无章，主要取决于家具的多少与布置的方式。在较小的居室内布置过多的家具自然会感觉拥堵，在较大的房室布置太少的家具则会显得空荡。通常以家具占地为室内总面积的40%~60%比较适宜。有时候当我们觉得房间内某个部分或角落有些空的时候，可在那里摆放上一个小柜或花架，就会取得视觉上的平衡，这样就较好地体现家具充实室内空间的功能。

在家具的布置形成室内陈设大体框架的同时，其他物品的配置对室内环境的总体效果的形成也是至关重要的。织物如窗帘、地毯、壁挂、台布、沙发靠垫、床单和床罩等，是构成室内环境的一个十分活跃的因素，在取得隔热、调温、隔声、吸声、避光和遮挡等实用功效的同时，也能收到良好的装饰美化效果，对烘托室内气氛起着重要作用。

室内灯具的主要作用是提供良好的照明条件，其次是它的装饰作用。通过合理地选择灯具，综合运用直接照明、间接照明、暖色灯泡、偏冷灯光以及光线的明暗变化等，可获得最佳的视觉效果，有效地烘托和渲染室内气氛，

图6-3 卧室中的间接照明

增强室内环境的美感与舒适感（图6-3）。

日常用品是指与家具密切相关、满足人们生活需要的各类实用物品，其范围较为广泛，主要包括陶瓷制品、玻璃制品和文化用品等。陶瓷制品种类繁多，式样丰富，是室内陈设中重要的一类工艺美术制品，特别是具有较高收藏价值的古陶瓷，可极大地提高室内陈设的品位，实际上可划入装饰性陈设的范畴。即使是不具收藏价值的现代陶瓷制品，也往往能以其多姿多彩取得很好的装饰效果。各种玻璃制品如玻璃茶具、酒具、花瓶等，则以其晶莹剔透及华丽的装饰图案，增加室内清新透亮的视觉感受。文化用品中的笔墨纸砚等，是我国传统的室内陈设品，在居室内特别是书房陈设笔筒、笔架、笔洗、砚台和印盒等，不仅可修身养性，也为居室带来一种文化的气息。

工艺品可分为实用工艺品和装饰工艺品两类，实用工艺品既有实用价值，又起到一定的装饰作用，如瓷器、陶器、竹雕、草编、竹编、塑料制品、搪瓷制品等；装饰工艺品没有实用性，只具审美价值，如牙雕、木雕、根雕、艺术玻璃、挂屏等。工艺品的陈设适宜位于视觉的中心位置，数量一般无需太多，可在室内陈设大局已定的情况下，用较小的工艺品或局部装饰来调整和丰富室内环境，体现和增加室内的艺术氛围。

在室内陈设中适当布置绿色植物或盆景、花卉，可为室内环境带来大自然的情趣，使居室平添几分绿意盎然的生机，使人们在心旷神怡之中身心得以放松，心灵得以抚慰，并在浇水施肥、管理养护之中使精神有所寄托，生活和工作的压力得到缓解和释放。同时，还可通过植物的布置或点缀，达到对室内空间的充实、划分、暗示、联系和分隔等，增加空间视觉和心理上的平衡感。此外，植物陈设也给居室环境带来一些实用性效果，如调节室内湿度（增大）和温度（下降），净化室内空气，有的开花后形成或浓郁或清淡的芳香，有的植物品种还有吸收有害气体的作用。因此，植物装饰是室内陈设的一个重要内容。

（三）室内陈设的一般原则

室内陈设的总体目标是形成舒适的居住环境和宜人的工作环境，但达到同一目标采取的路径可各不相同，最终所达成的实际效果也会千差万别。室内陈

126

设是一门既反映设计及使用主体思维方式、审美情趣、文化素养和思想内涵等个性品质，又有一定规章可循的实用艺术。这些具有共性的规章，即形式美应该遵循的一般原则。

1. 简洁

简洁是现代艺术的核心原则，尤其体现在实用艺术。简洁不同于"无"，而是尽量减少到最小的必要程度，做到"少而精"。简洁原则强调的是用简单的外在形式表达丰富的内在品质。进行室内陈设时首先要注意贯彻简洁原则，特别是舍弃那些华而不实、缺乏文化品位和显得累赘的装饰物，以形成清新明快、赏心悦目的室内环境，体现出现代陈设艺术的基本格调。

2. 对称

对称是形式美的重要法则。对称可分为绝对对称和相对对称，绝对对称即左右或上下的同形、同色和同质；相对对称是指左右或上下两部分同形不同质，或同形、同质不同色。在室内陈设中尽量采用对称形式，特别是用于形体或面积较大物品如家具、墙面饰品、植物等的布置，是形成富于美感的室内环境的主要手段之一。

3. 均衡

室内陈设中的均衡既指从力学角度给人以视觉上的稳定感，也包括在空间的布局上各种陈设的形、色、光、质等保持等同或近似的数量而形成的平衡感。通过这种感觉保持一种安定状态，便可产生均衡的效果。

4. 谐调

室内陈设要在满足实际功能的前提下，使多种物体形成一个谐调的整体室内环境，包括物品种类、造型、规格、材质、色调等选择的一致或相近性。家具以选择成套产品更能体现谐调性原则，即使是不成套的家具，也以选择风格、颜色和品质相近的产品为好。

在色调的运用方面，应保持与室内装修整体色调的协调性。不论是选择热烈、温馨的暖色调，还是宁静、素雅的冷色调，其对比变化以限定在相同色系为宜。另外，要考虑光源对色调产生的影响，注意陈设物对光的吸收和反射以后呈现出不同色彩的现象。

5. 对比与层次

在保持室内陈设统一谐调的前提下，为避免整体感觉上的单一和呆板，常采用局部或微小的变化形成明快、活泼的对比效果。如相同色系中不同色彩的对比变化，或者是在暖色基调中设置小面积的冷色对比，冷色基调中点缀暖色对比，从而在强烈的反差中获得鲜明的形象，通过对立又协调，矛盾又统一，实现室内陈设的多样性。

层次即是追求空间上的层次感，如色彩的由深至浅甚至由冷至暖，明度上的由暗到亮，造型上的从小到大、从方到圆、从高到低、从粗到细，质地上的从单一到多样，布局上的从虚到实等，都可以形成富有层次的变化，通过层次变化，丰富陈设效果，但必须使用恰当的比例关系和适合环境的层次需求。

6. 节奏与秩序

节奏的基础是条理性和重复性。以同一个单纯造型进行连续排列，便会产生一定的节奏和韵律的感觉，再加以适当的长短、粗细、直斜、色彩等形态上的变化，可强化节奏和韵律所形成的艺术效果。

体现一定的秩序感也是形式美的一个特质。秩序是建立在重复、韵律、渐次及谐调基础之上的，也是形成比例、平衡和对比的前提。组织有规律的空间形态产生井然有序的美感。有条、有理、有序形成的整齐美，在较大型的室内空间如宴会厅、会议室、影剧院等的陈设中可得到更好的体现。

此外，还可使用呼应等手法达到形式的统一与对比，如通过陈设物品与顶棚、墙面、地板以及家具等的相呼应达到一定的艺术效果。

通过综合和灵活运用以上形式美原则，使室内陈设在满足特定的功能需要的同时，形成具有个性和创新性装饰效果的舒适宜人的室内环境，便实现了家具与室内陈设的终极目的。

三、家具与礼仪

礼仪是人们在日常生活和社会交往中约定俗成的行为规范，这些规范逐渐形成体系并以制度的形式固定下来便是所谓礼制。中国古代奴隶制社会经夏、商两朝的发展，至西周时形成了高度完备的礼仪制度，并以由此形成的记述这些礼仪制度的《周礼》、《仪礼》和《礼记》（合称"三礼"）等典籍为主要标志，中国也因此被世人称为"礼仪之邦"。

"礼"的起源可追溯到远古时期人们祭祀神灵的仪式。并且，古人在举行祭祀仪式的时候，总是伴随着乐器的演奏以及舞蹈和歌唱活动，由此便形成"乐"和"礼"密不可分的礼乐制度。到周朝时，经过周公的"制礼作乐"，原来作为神灵祭祀仪式的"礼"逐渐演变成了政治上的等级制度和人们在生活及社会交往中的礼仪。

家具作为人们生活中须臾不离的物品，所形成的礼仪也主要表现在使用上的等级制和一般的生活及社交礼节方面。在以宗法制为核心的商周奴隶社会，家具的使用有严格的等级与名分上的规定。如席的使用，周代时设有专管"五席"的官吏，不同地位和身份的人使用不同材质（莞、蒲、竹、皮等）和不同饰边的席（称"藻席"）。《春秋·穀梁传》中则记载了天子、诸侯、大夫等按规定使用不同的漆色。扆是天子名位与权力的象征。几的使用更是等级分明，天子用玉几，公侯、卿大夫等根据不同的级别或场合使用雕几、彤几、漆几，等等。及至春秋时的"礼坏乐崩"，奴隶制的随之瓦解，从秦汉开始的两千余年的封建制度中，这种等级观念在家具等物品的使用上一直得以延续。例如，在高型坐具较普及后的宋代，交椅成为权力的象征，上至统治阶层，下至社会团体，人们的官职或地位要由所坐交椅的排列顺序来体现。"龙椅"或"宝座"更是皇帝的专属品。

席是我国古代使用最久的坐具，围绕席的使用而出现的礼节和故事传说可谓良多。比如，因为室内满铺着筵，筵上再铺席，人们进入室内前先要脱屦，以免将污泥尘土带入，这样就形成了一种礼节，即人在室内是不应穿鞋的，君王也不例外。臣下去见君王时为表示尊敬，不仅脱鞋入室，连袜子（韤）也不能穿。另外，若看到门前有两个人的屦，但听不到屋内的谈话声，就要主动回避，更不能贸然而入，因为两个人小声说话不让人听见，自有隐秘之事，而闻听他人的私事是不礼貌的。

席的形状、大小或长短不一，陈设时也有相应的讲究。方形的席称为"独坐"，多为长者或尊者所设；"主席"是对最重要的独坐的称谓。同席的人们要尊卑相当，身份或地位不能悬殊太大，否则就是对长者和尊者的不敬。主人陪同客人一起进屋时，要先向客人致意，请人将席备好，然后出迎请客人进室入席。布席时，要问客人愿坐什么位置，位置选定后，主人跪正席请客入座，客人抚席辞谢以表谦恭，主人再三让座，客人方坐。如果客人不是来赴宴，而是为交谈，就要把主客所坐席位相对铺陈，当中留有间隔，以便于指画对谈。

席的方位也有相应的讲究，堂上布席，以户牖之间朝南的方向为尊，或者在东西向布席时以南面为上，南北向布席时以西面为上。

《仪礼》中的"士冠礼"、"士婚礼"、"乡饮酒礼"等，有许多繁缛的规定，其中不可少的就是有关升阶、铺筵、布席、授几、升席、降席等细节的记述。客中若有不吉之事者，就要自觉地坐在旁位，以示对主人及他人的尊敬，"有忧者侧席而坐，有丧者专席而坐"。

犯罪之人所用的席名曰"藁"，是以禾秆编成。平常人也用之自喻为"罪人"，是表示请罪的一种特殊的方式。如《史记·范雎蔡泽列传》中有"应侯席藁请罪"；宋苏轼《上神宗皇帝书》中有"自知渎犯天威，罪在不赦，席藁私室，以待斧钺之诛"。

　　史籍中还记有很多割席而坐的典故。例如《世说新语》中关于"管宁割席"的故事：管宁和华歆同席读书，有一日二人同在园中锄菜，看见地上出现一片金子，管宁依然挥锄不止，视之与瓦片石头无异，华歆则高兴地拾起金片而后看到了管宁的神色又扔了它。又有一日，"有乘轩冕过门者，宁读如故，歆废书出看。宁割席分坐曰：'子非吾友也'"。

　　有关坐榻使用的典故，如《后汉书·徐稚传》中的"陈蕃下榻"：有"南阳高士"之称的徐稚，满腹诗书经论，朝廷屡次征召他，但他"屡辟公府不起"，只在民间设帐讲学，清谈论道。陈蕃到豫章任太守后，闻其清名，亲自去拜访他，请他到府衙任功曹，徐孺子坚辞不就，但每常造访太守，既谒而退。"蕃在郡不接客，唯稚来特设一榻，去则悬之"。

　　由汉代使用的食案形成的典故，有《后汉书·梁鸿传》中的"举案齐眉"，表现的是夫妻之间相敬如宾的生活礼节和传统美德。成语"正襟危坐"则是由历代皇帝在龙椅上的坐姿而来。

　　席在我国古代人们的生活中的影响如此之大，不仅借以形成庄重、高雅的种种礼节，还是人们相互馈赠的礼品。由席地坐起居习惯形成的仪态标准，集中体现在"站如松，坐如钟，卧似弓，行似风"的古训里。而且这样的一种礼仪文化是如此深入人心，以至垂足坐由东汉时的胡床传入直到宋代，用了一千多年的时间才得到较大范围的普及。即使在高型坐具普及至一般家庭时，盘腿而坐依然是最有风骨、最符合规范的坐姿。到南宋时期，椅子、杌子在士大夫家也只在厅堂中陈设，至于妇女所居内室，还是习惯坐床（北方则为坐炕）。如在陆游《老学庵笔记》卷四有"徐敦立言：往时士大夫家妇女坐椅子、杌子，则人皆讥笑其无法度"的记述。宋人王明清《挥麈三录》也有"绍兴初，梁仲谟汝嘉尹临安，五鼓往待漏院，从官皆在焉。有据胡床而假寐者，旁观笑之"等记载。这种自古以来便形成的"坐如钟"的坐姿规范，也是中国人没有发明软坐具——沙发的内在原因。

　　此外，古代有男女不同椸架的习俗。这可从《礼·内则》"男女不同椸，不敢悬于夫之椸"的记述得知。躺卧用的枕席等床上用品，在入夜睡觉之前始设，至晓则要收起来。《礼·内则》有"古人枕席之具，夜则设之，晓则敛之，不以私亵之用示人也"。

　　在家具使用方面对于老人的优待，也是体现我国尊老优秀传统的一个方面。《礼记》有关群臣上朝礼节的阐释说，"是故朝廷同爵则尚齿，七十杖于朝，君问则席。八十不俟朝，君问则就之"。即同级的臣子以年龄为序，长者优先。年过七十者，上朝时可执手杖，国君有话要询问时，就要在堂上布席令其就座。年过八旬，不须上朝，国君若有事相商，则会单独召见。有些家具也主要为老人所专设，如席地坐时的凭几。直到近代，一般家庭中的座椅多成对设于室内中堂，主要供父母长辈起居或会客，小辈不可轻易占用。

四、家具与收藏

自20世纪80年代中后期以来，随着中国文物与艺术品市场的迅速恢复，在各类古玩和艺术品的收藏与交易持续升温的同时，国内也很快出现了古典家具的收藏热潮。从90年代初开始，国家通过《文物拍卖试点管理办法》、《文物拍卖管理暂行办法》、《艺术品市场管理规定》、《拍卖市场管理办法》等法规的颁布启动国内文物与艺术品拍卖市场。1995年，中国嘉德、北京翰海、北京荣宝、中贸圣佳、上海朵云轩、四川翰雅等六家公司被批准为国家第一批拍卖文物试点单位。1997年开始实施《中华人民共和国拍卖法》，在使之趋于程序化和合法化的同时，艺术品拍卖也随媒体的渲染进入公众视野，一些藏品拍出的高价甚至"天价"，进一步催发了社会各界各层人士投身收藏的热情，一个"全民收藏"的时代随之到来。从目前的市场规模来看，古典家具是紧随书画和陶瓷之后的大宗收藏品。

收藏中国古典家具的热潮最初兴起于海外。大约从15世纪起，随着与西方国家的贸易往来，以及西方传教士的来华传教，中国家具开始进入西方，初期主要流入欧洲各国，18世纪以后才涌入世界新大陆——美国。早期进入欧美的中国家具主要限于漆家具和竹藤家具，而硬木家具却长期默默无闻，其原因主要是由于无知和偏见，西方学者长期以来只承认古代希腊艺术及由希腊艺术传承下来的欧洲艺术为古典艺术。直至近代，伴随着西方列强对中国文物的大量劫掠，神秘东方的面纱被揭开，中国古典艺术的严谨、均衡、清晰和高贵的品质才渐渐被世人所认识。

最早系统地研究中国家具的西方学者是德国的古斯塔夫·艾克（Gustav Ecke），他与中国学者杨耀一道，收集测绘了一批中国硬木家具的实例，并于1944年出版了专著《Chinese Domestic Furniture》（中译本名《中国黄花梨家具图考》）。而后又有许多西方学者热衷于中国家具的收藏和研究，其中美国学者乔治·恩·凯茨（George N. Kates）的著作《Chinese Household Furniture》（1948）有较大影响。至此，中国硬木家具在海外名噪一时，引起欧美收藏家对中国古典家具的广泛兴趣和大量收购。

在接下来的几十年间，明清家具被海外收藏家们提升到了与中国其他文物等同的地位。特别是在美国，产生了一批热衷于中国古典家具的收藏家和古董商，如著名的古董家安思远（Robert Hatfield Ellsworth），曾在北京生活多年的收藏家威廉·杜拉蒙德（William Drummond），以及1990年至1996年任"加州中国古典家具博物馆"馆长的柯蒂斯·艾瓦茨（Curtis Evarts），等等。

在国内，以文物鉴赏家王世襄的《明式家具收藏珍赏》1985年在香港的出版为肇始，大约从1986年起，人数众多的"倒爷"们到全国各地搜寻"明式家具"，于是大量的古旧家具被偷运到港澳地区或辗转流向国外。利之所在，人争趋之，到1994年前后，民间所藏几乎被搜刮殆尽。

也正是在这波"出口"浪潮中，香港成为收藏明清家具的重镇，涌现了一批大藏家。例如有"紫檀皇后"之称的陈丽华在北京建起了首家紫檀博物馆。"黄花梨皇后"、嘉木堂古董店主人伍嘉恩则业务涉及全球。香港实业家和投资家、号称全球五大收藏家之一的徐展堂，早在20世纪80年代末就于其私人博物馆专设了"紫檀家具展室"。香港医生叶承耀也在1988～1991年从大陆和海外迅速收进了68件明式黄花梨家具，并于2002年在纽约佳士得拍卖了40件，影响颇大。还有开设"珍古堂"的王家琪，也是香港商界醉心于家具收藏的代表人物。内地较早开始家具收藏的名家，以北京的马未都为首，他的收藏以紫檀家具为主，陈列于其开设的观复博物馆内。

图6-4 明末黄花梨大理石插屏
（高215cm，宽181cm）

有关中国明清家具的公开拍卖，国外最早的是1996年9月由著名的国际拍卖行"佳士得"在纽约举办的"加州中国古典家具博物馆专拍"，107件拍品悉数成交，总成交额6000余万美元，其中一件明末黄花梨大理石插屏式座屏风（图6-4）以110万美元创最高纪录。1997年佳士得又接连推出了徐展堂所藏黄花梨家具精品以及"Robert Piccus夫妇收藏中国古典家具专拍"，进一步催生了明清家具的收藏热。

国内的明清家具拍卖起步于20世纪90年代中后期，最早涉足的拍卖行是北京翰海和中国嘉德，但2000年之前拍卖的数量和价格都比较低。进入新千年以后，国内的明清家具拍卖市场在夯实基础后迅速崛起，不仅精品频频涌现，收藏家也积极抢拍，成交价格屡创纪录，目前为止单件最高价格是崇源国际于2006年春季拍出的"红木雕花镶嵌缂丝绢绘曲屏风"（图1-54），成交价8533万元人民币。近几年也有一些单件成交价格在千万元以上的珍品，如2007年北京保利秋拍，"清乾隆紫檀方角大四件柜"（图6-5）以2800万元人民币拍出；2008年中国嘉德春拍，"清乾隆紫檀雕西番莲大平头案"（图6-6）和"清乾隆紫檀束腰西番莲博古图罗汉床"（图6-7）分别以3136万和3248万元人民币成交；2010年11月，中国嘉德秋拍黄花梨家具专场中，一件"明黄花梨簇云纹马蹄腿六柱式架子床"（图6-8）拍出4312万元人民币的高价，成为有史以来最"值钱"的床。随后不到一个月，2010年12月12日在南京正大拍卖有限公司2010秋季拍卖会明清家具专场中，一把"明代宫廷御制黄花梨交椅"（图6-9）以6200万元人民币落槌，成为史上真正的"第一把交椅"，也创下了迄今为止中国黄花梨家具拍价的最高纪录。

在中国嘉德2011春季拍卖会开槌首日，"读往会心——侣明室藏明式办公家具"和"承古抱今——明式庋具臻品"两个专场80件精品全部成交，总额逾2.88亿人民币，创造了单季家具拍卖的世界纪录。其中有三件千万以上的古典家具，分别是"明末黄花梨独板围子马蹄足罗汉床"（3220万元），"明末黄花梨雕龙纹四出头官帽椅"一对（2300万元），"明末黄花梨冰绽纹柜"（1437万元）。

而在2009年香港苏富比秋拍中，"清乾隆御制紫檀木雕八宝云纹水波云龙宝座"

图6-5　清乾隆紫檀方角大四件柜

图6-6　清乾隆紫檀雕西番莲大平头案

图6-7　清乾隆紫檀束腰西番莲博古图罗汉床

图6-8　明黄花梨簇云纹马蹄腿六柱式架子床

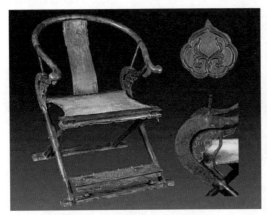

图6-9　明代宫廷御制黄花梨交椅

图6-10　清乾隆御制紫檀木雕八宝云纹水波云龙宝座

（图6-10）以8578万港元的价格创造了中国古典家具拍卖的新纪录。

　　明清家具收藏之所以持续升温，公开拍卖屡创高价，正是这些原本满足实际生活所需的物品所具有的历史价值、文化价值、艺术价值、工艺价值、科学价值和材质价值的综合反映。古典家具所具有的历史和文化价值使其由器物变成文物，所具有的工艺和艺术价值使其由生活用品变成了艺术作品。此外，明清家具所使用的黄花梨和紫檀木材，其资源越来越显稀缺，数量上的稀少及材质的珍贵也是促成高价成交的一个重要因素。

　　不过，在这种收藏热潮和市场火爆的背后，也难免地存在着一些认识上的误区和市场上的鱼龙混杂、泥沙俱下。例如，一些收藏者或竞拍人所看重的不是这些古典家具的历史、文化和艺术价值，而是看重其是否具有升值的空间，仅仅是把家具或艺术品收购作为一种投资的渠道，他们的所谓收藏实际上只是一种商业行为，主要目的就是待价而沽。片面的唯材质论倾向，致使紫檀、黄花梨等木材几乎达到了寸木寸金的地步。在这样一种巨大利益的驱使之下，也涌现了大量的古典家具作伪者和赝品，甚至存在着鉴定和拍卖的虚假性等市场乱象。

　　国内的艺术品收藏可谓恰逢其时，但毕竟历史短暂，也许需要经过一个较长时间的沉积过程来达到一个理性的常态。

　　值得敬佩的是，国内的研究大家、故宫博物院研究员王世襄先生于1998年以"不能离开大陆"为前提，将其毕生购藏的79件明清家具以100万美元的象征性价格转售给香港富茂有限公司名誉董事长庄贵仑先生。庄贵仑遂以其父亲和叔父的名义将这批家具珍品无偿捐赠给上海博物馆进行陈列，其展厅被命名为"庄志宸庄志刚明清家具馆"。在近些年的国际竞拍中，也不乏勇出高价使流失海外的珍品回归祖国的仁人志士。这些善举，对于更好地保护中华民族珍贵文化遗产，展现文明古国悠久历史和深厚文化底蕴，传承中华优秀文化艺术，无疑具有重大意义，也是还原古典家具收藏真正目的的重要途径。我们期待更多这样的善举和壮举。

五、家具的选择

家具作为人们日常生活、学习和工作的必需品，应该说最主要的还是它的使用价值，只是对于古典家具来说，由于其厚重的历史文化价值、极高的艺术审美价值、极具说服力的工艺和科学价值，以及数量和材质上的稀少性，目前及今后的主要任务是更好地保护它们和长久地保留传承下去，其使用价值已无关紧要、可有可无。对于结构简化、装饰全无的现代家具来说，虽然已没有多少艺术性可言，但不能说已毫无美感，则不过在代之以简洁、整齐、科学、平易的现代美学原则后，其为大众服务的使用功能更加摆在了突出的位置。改革开放以来，伴随着经济的持续高速增长和文化艺术的更加繁荣，挖掘、保护、继承和弘扬民族优秀文化艺术传统的思潮油然而生，表现在家具制造业上便形成所谓的"复古风"。近些年来国内的仿古家具生产厂商如雨后春笋般涌现出来，不仅仿制明清家具，还有仿制的欧式古典家具，加之进口的世界各国各地的家具产品，目前的家具市场在风格或式样、材料、价位和文化品位等各个方面，为广大消费者提供了较大的选择余地，由此也形成了不同的消费层次及消费群体。

（一）材料选择

从材料上来考虑，木材、竹藤等天然材料是最宜人的选择，但价位通常处于较高区间，尤其较优质的实木家具均价格不菲，仿明清家具或"现代红木家具"则是高端市场的主打产品。以人造板为主要用料的木质家具属于较大众化的选择，但其中一个困扰厂商和消费者的问题，是胶粘剂中甲醛的释放造成室内环境的污染，不过这一问题经过多年的科技进步和相应法规的实施，已经得到了有效的控制。金属和塑料制作的家具也属于大众化的选择范畴，但金属家具不适宜在有儿童活动的家庭或场所使用，也不适合给老年人使用（如铁艺床）。塑料家具由于其具有的柔软性，特别是塑料软体家具则非常适合儿童选用。玻璃茶几在炎热的夏天可给人们带来清凉感，冬天则以木质的为宜。

（二）功能选择

从使用功能来说，选择时应注意各类家具的舒适性或功能上的合理性。例如，床是最重要的日常家具，一个人的一生超过三分之一的时间要在床上度过，床的舒适与否决定着睡眠的质量或休息的效果。在床的选择方面，一个突出的环节是床垫的软硬程度是否适宜，这是在"席梦思"刚刚流行时很多人吃过亏以后才认识到的问题。人们被软床垫一时的"舒适"感所蒙蔽，却不知其潜在的危害性。床垫过软产生的不利方面，一是使人的脊柱无论仰卧还是侧卧都处于过度弯曲的非自然状态，因为人体重量较大的臀部和肩部的下陷会明显大于腰部，这样不仅不能使骨骼和肌肉得到充分的放松，反而容易引起身体的疲劳甚至损伤；二是给人们睡眠中的翻身带来困难，不断翻身是人在睡眠中的自然现象，且在脊椎过度弯曲的情况下翻身的次数会明显增加，更容易造成睡眠之后的腰酸背疼；三是使人体与床面的接触面积增大，从而降低排汗散热的面积，夏季时使用会感觉更热。目前市场上销售的床垫的软硬度绝大部分处在比较理性的范畴，但儿童、老人和腰身不好的人群还是以选择硬板床为宜。

椅子等坐具是人们在起居生活中最常用的家具，也是家具种类中最具有设计创作空间和品种最为丰富的一类。椅子的使用可分为两种情况，一是单独使用，二是与桌案的配合使用。除了单独使用时的舒适性，椅子与桌案配合使用时的一个重要的功能尺度是桌面与座面的高度差，这个差值会因不同的工作性质及个人习惯有所差异，因此高度可调的椅子是实现不同需求的较好选择。另外，近些年来市场上不断有具特殊功能的椅子被开发出来，如可防止少年儿童在阅读学习时产生驼背的"平衡椅"（也称"学习椅"，是将椅面前倾，膝盖处加支撑面与脚踏组成三点支撑而保持上身挺直），可保持正确阅读姿势和视距的"防近视椅"（椅面略微前倾，扶手升高至腋下形成支撑，可保持上身挺直），可供上班族午睡或临时小憩的"打盹椅"（图6-11），等等。

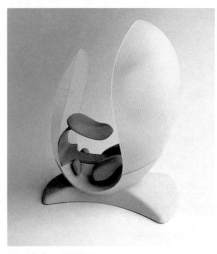

图6-11　打盹椅

写字台、办公桌、学生课桌、电脑桌、会议桌等供人们学习、工作使用的凭倚类家具，除了要有恰当的高度，以及搭配适宜的椅凳之外，要特别注意是否具有足够的容膝空间，以保证使用时双腿有较自如的活动余地。

图6-12　低背两用沙发

图6-13　高背沙发

（三）沙发的选择

　　沙发是现代坐具中最为流行的品类，在家庭的起居室或客厅，办公室、会议室、大厅及走廊等公共场所，都少不了沙发的陈设。沙发的类型很多，按外形尺寸，有单人、双人和多人沙发；按靠背高度，有低背、高背及介于两者之间的普通沙发；按结构形式，有单体和组合式或积木式沙发；按面料性质，有布艺、真皮、仿皮和木质沙发；按地域风格，有欧式、美式、日式和中式沙发，等等。

　　低背沙发属于休息型的轻便椅，它以一个支撑点来承托使用者的腰部（腰椎）。这种沙发靠背高度较低，靠背的角度也较小，就使整个沙发的外围尺寸相应缩小而减少占地面积，结构相对也比较轻巧，搬动比较方便。低背沙发也常设计成较宽的坐面，并配以活动式靠垫，便于坐卧两用（图6-12）。

　　高背沙发也称航空式座椅，是由躺椅演变而来。其特点是有三个支点，使人的腰、背部、后脑同时靠在曲面靠背上。这三个支撑点在空间上不构成一条直线，因而制作技术要求较高，选购时要注意其背面的三个支撑点的构成是否合理妥当。为提高休息性能，高背沙发也常配以脚凳，其高度可与沙发座面的前沿相同（图6-13）。此外，近年来由高背沙发演变而来的具有较好私密性的高围沙发，代表了现代办公文化的一种流行趋向（图6-14）。

　　普通沙发是家庭用沙发中常见的一种，市场上销售的也多为此类沙发。它有两个支撑点承托使用者的腰椎和胸椎，与人身体背部曲面相适应。普通沙发靠背与座面的夹角最为关键，角度过大将造成使用者的腹部、颈部肌肉紧张而容易产生疲劳。沙发座面的宽度也不宜过大，按标准要求通常在540毫米之内，这样可使坐者小腿随意调整坐姿，休息更充分，使用更舒适。

　　从地域风格或式样上来说，现代欧式沙发

图6-14　高围办公沙发

图6-15　现代欧式沙发之一款

图6-16　美式真皮沙发

图6-17　日式沙发

图6-18　中式沙发

的特点是线条简洁，结构便捷，富于组合上的变化（图6-15）。近来较流行的是色彩比较清雅的浅色，如白色、米色等欧式沙发。

美式沙发主要强调使用上的舒适性，坐面及靠背比较柔软，多具有较宽的扶手，整体结构显得比较厚重，占地面积较大（图6-16）。目前大多数沙发是由主框架加不同硬度的海绵制成，而传统的美式沙发底座仍使用弹簧加海绵的设计，因此比较结实耐用。

日式沙发突出了舒适、自然、朴素的生活理念，主要特点是小巧玲珑，栅栏状的扶手、较直的靠背和较小的坐深，使其具有较小的占地面积，多适合小户型住宅或较狭窄的办公场所采用（图6-17）。

中式沙发则是呈现为实木结构，其特点在于裸露在外的整体实木框架，配置以活动的软体坐垫和靠背，可根据需要进行取舍。这种灵活的方式，使中式沙发冬暖夏凉，方便实用，四季皆宜（图6-18）。

（四）其他家具的选择

柜橱类和架格类等不与人体直接接触的家具，在使用上属于建筑系家具，在选择时要更多地与室内装修和陈设一起做整体的考虑，不仅要满足物品贮藏或陈列以及存取操作的舒适便捷等基本需要，也要与室内空间和总体布局相协调。在目前家居业专业化、品牌化、国际化的总体发展趋势下，同时可满足不同审美需要的个性化选择。

图片索引

19. 图3－9～图3－11、图3－15、图3－16、图3－19、图3－32、图3－35～图3－41、图4－4、图4－5、图4－55、图4－56、图4－65，引自：董玉库《西方家具集成》；

20. 图3－12～图3－14、图3－18、图3－20，引自：《剑桥艺术史：古希腊罗马艺术》；

21. 图3－28：佛罗伦萨乌菲兹美术馆藏；

22. 图3－29，引自：《剑桥艺术史：古希腊罗马艺术》；

23. 图4－1、图4－10、图4－13～图4－17、图4－26～图4－30、图4－32～图4－44、图4－46～图4－50、图4－57～图4－64、图4－66～图4－73，引自：方海《20世纪主流家具设计大师及其作品》；

24. 图4－7、图4－8，引自：苏华等《图说西方工艺美术》；

25. 图4－19～图4－25、图4－31，引自：莱斯利·皮娜《家具史》；

26. 图5－29，引自：康海飞主编《欧式家具图集》；

27. 图5－40～图5－42，引自：余肖红等《古典家具装饰图案》；

28. 图6－5，引自：《北京保利2007秋季拍卖实录》；

29. 图6－6、图6－7，引自：《中国嘉德2008春季拍卖实录》；

30. 图6－8，引自：《中国嘉德2010秋季拍卖实录》；

31. 图6－9，引自：《南京正大2010秋季拍卖实录》；

32. 图6－10，引自：《香港苏富比2009秋季拍卖实录》。

主要参考文献

[1] 中国艺术品收藏鉴赏全集编委会. 中国艺术品收藏鉴赏全集·古典家具（上下卷）. 吉林出版集团有限责任公司，2007.

[2] 杨耀. 明式家具研究. 中国建筑工业出版社，1986.

[3] 王世襄. 明式家具珍赏. 北京：文物出版社，2003.

[4] 王世襄. 明式家具研究. 三联书店，2008.

[5] 王世襄. 锦灰堆. 三联书店，1999.

[6] 胡德生. 古家具收藏与鉴赏. 陕西人民出版社，2008.

[7] 濮安国. 明清家具鉴赏. 西泠印社出版社，2004.

[8] 周世荣，王跃. 中国漆器图案集. 人民美术出版社，2007.

[9] 李正光. 汉代漆器图案集. 文物出版社，2002.

[10] 胡玉康. 战国秦汉漆器艺术. 陕西人民美术出版社，2003.

[11] 朱小禾，何艳编. 漆器工艺. 重庆大学出版社，2009.

[12] 方海. 现代家具设计中的"中国主义". 中国建筑工业出版社，2007.

[13] 马未都. 马未都说收藏·家具篇. 中华书局，2008.

[14] 崔咏雪. 中国家具史——坐具篇. 明文书局，1989.

[15] 胡文彦. 中国家具文化. 河北美术出版社，2004.

[16] 午荣，吴道仪. 图说鲁班经. 陕西师范大学出版社，2010.

[17] 文震亨. 长物志图说. 海军，田君注释. 山东画报出版社，2004.

[18] 孔宪信. 山西古典家具. 山西出版集团山西人民出版社，2012.

[19] 周默. 木鉴：中国古典家具用材鉴赏. 山西古籍出版社，2008.

[20] 朱家溍. 明清家具（上下）. 上海科学技术出版社，2002.

[21] 朱家溍. 明清室内陈设. 紫禁城出版社，2004.

[22] 明清宫廷家具. 故宫博物院紫禁城出版社，2008.

[23] 田家青. 明清家具鉴赏与研究. 文物出版社，2003.

[24] 伍嘉恩. 明式家具二十年经眼录. 紫禁城出版社，2010.

[25] 康海飞. 明清家具图集（1）. 中国建筑工业出版社，2006.

[26] 康海飞. 明清家具图集（2）. 中国建筑工业出版社，2007.

[27] 陈柏森. 明清家具收藏与鉴赏. 上海文化出版社，2009.

[28] 濮安国. 明清苏式家具. 湖南美术出版社，2009.

[29] 蔡易安. 清代广式家具. 上海书店出版社，2001.

[30] 余肖红，李江晓. 古典家具装饰图案. 中国建筑工业出版社，2007.

[31] 邵晓峰. 中国宋代家具. 东南大学出版社，2010.

[32] 康海飞. 欧式家具图集（1）. 中国建筑工业出版社，2009.

[33] 康海飞. 欧式家具图集（2）. 中国建筑工业出版社，2011.

[34] 要彬. 西方工艺美术史. 天津人民出版社，2006.

[35] 艾红华. 西方设计史. 中国建筑工业出版社，2010.

[36] 李智瑛. 西方现代设计史. 天津人民美术出版社，2010.

[37] 王受之. 世界现代建筑史. 中国建筑工业出版社，2012.

[38] 董玉库. 西方家具集成. 天津百花文艺出版社，2012.

[39] ［美］莱斯利·皮娜. 家具史. 吴智慧等编译. 中国林业出版社，2008.

[40] Sarah Handler, Austere Luminosity of Chinese Classical Furniture. Publisher: University of California Press, 2001.

[41] Christopher Payne. Sotheby's Concise Encyclopedia of Furniture. Publisher: Conrad Octopus, 1995,3.

[42] 赵德馨. 中国经济通史：第七卷（明）. 湖南人民出版社，2002.

[43] 吴志达. 明代文学与文化. 武汉大学出版社，2010.

[44] 裔昭印. 世界文化史. 华东师范大学出版社，2000.

[45] 家具. [J]（上海）. 2008年第29卷第6期；2010年第31卷第1期；2012年第33卷第3～5期.

[46] 家具与室内装饰. [J]（南京）. 2002年第9卷第3～5期；2003年第10卷1～12期；2004年第11卷1～5期.

[47] 收藏家. [J]（北京）. 2006年第14卷第2期；2007年第15卷第11期；2008年第16卷第6期；2010年第18卷第10期.

[48] 收藏. [J]（西安）. 2010年第18卷第12期.

[49] 文物. [J]（北京）. 2009年第60卷第3期.

[50] 考古与文物. [J]（西安）. 2011年第32卷第6期.

[51] 考古学报. [J]（北京）. 1978年第43卷第1期；2011年第76卷第3期.

主要相关网站：

1. 中国古典家具网，www.328f.cn

2. 爱古网，www.aigunet.com

3. 天天家具网，www.365f.com

4. 中国家具网，www.chinese-furniture.com

5. 家具博物馆，www.museumfurniture.com

6. 北京故宫博物院，www.dpm.org.cn

7. 中国国家博物馆，www.chmuseum.cn

8. 上海博物馆，www.shanghaimuseum.net

9. 南京博物馆，www.njmuseum.com

10. 西安博物院，www.xabwy.com

11. 中华博物，www.gg-art.com

12. 中国艺术品网，www.cnarts.net

13. 艺术中国，www.vartcn.com

14. 中华美术网，www.ieshu.com

15. 国学网，www.guoxue.com